青春励志系列

陈志宏◎编著

心态

为生活开一扇窗

延边大学出版社

图书在版编目（CIP）数据

心态：为生活开一扇窗/陈志宏编著.—延吉：延边大学出版社，2012.6（2021.10 重印）

（青春励志）

ISBN 978-7-5634-4861-6

Ⅰ.①心… Ⅱ.①陈… Ⅲ.①成功心理—青年读物 Ⅳ.① B848.4-49

中国版本图书馆 CIP 数据核字 (2012) 第 115494 号

心态：为生活开一扇窗

编　　著：陈志宏
责任编辑：林景浩
封面设计：映像视觉
出版发行：延边大学出版社
社　　址：吉林省延吉市公园路 977 号　邮编：133002
电　　话：0433-2732435　传真：0433-2732434
网　　址：http://www.ydcbs.com
印　　刷：三河市同力彩印有限公司
开　　本：16K　165 毫米 ×230 毫米
印　　张：12 印张
字　　数：200 千字
版　　次：2012 年 6 月第 1 版
印　　次：2021 年 10 月第 3 次印刷
书　　号：ISBN 978-7-5634-4861-6
定　　价：38.00 元

版权所有　侵权必究　印装有误　随时调换

前 言

生活是一面镜子，你对着它笑，它也会对着你笑；你对着它哭，它也会对着你哭。任何事物都具有两面性，问题就在于我们如何去看待它。强者在面对事物时，会以一种正确的、积极的心态对待，不看事物的消极一面。只有这样，才能领略到"蓝天白云、阳光沙滩"的人生意境，拥有快乐充实的人生。

美国潜能成功学家罗宾说："面对人生逆境或困境时所持的心态，远比任何事都来得重要。"这是因为，积极的心态和消极的心态将直接决定着创业者的成败。

心态还决定着我们的命运，拥有什么样的心态，就有什么样的人生。只要树立了积极的心态，每个人都可以成为自己命运的主宰；相反，每天消极度日，只看到生活中不幸的一面，永远都难获得成功。

《心态：为生活开一扇窗》一书中，精选古今中外多位名人关于心态的数篇精彩故事和心灵感悟，是名人名家们从自身的实践经验和切身体会中总结出来的真知灼见，旨在帮助读者认识到积极心态对人生的重要意义，并学会改善消极心态和塑造积极心态，在潜移默化中被他们积极的人生态度所吸引，进而拥有成功的心态。

目录

第一篇　成功需要积极的心态

积极的心态是一种看不见的法宝	2
改变心态才能改变命运	4
给自己颁一个"终生成就奖"	6
以乐观心态感知成功力量	8
快乐是成功的法宝	10
给心灵松绑	12
及时清除负面情绪	14
活在当下，而不是过去和未来	16
跨过自己心中的栏杆	19
存储关爱，收获快乐	21
君子之交在于心	23
学会制怒	26
感恩地活着，才会幸福快乐	30

第二篇　以平常心看得失

心态平和心无忧	34

莫将名利记心头	35
变换思维悟真谛	37
看透功名利禄，内心才能平静	39
平凡最难	40
平凡并不等于平庸	41
可以有点阿Q精神	43
聪明人懂得把悲伤藏在微笑之后	45
天无绝人之路	46
在绝境中发现快乐	48
放弃也是一种美丽	49
适时放弃，是人生的大智慧	52
做人做事都要进退有数	54
不要吞下嫉妒的毒药	57
遗憾会铸就生活的辉煌	59
面对误解要冷静	60

第三篇　种下自信的种子

人应该谦逊，但不能自卑	64
你比自己想象的更好	65
把自己当成是最好的	68
信念是一粒种子	71
不相信自己的意志，永远也做不成将军	73
将自卑踩在脚下	74
用信念提升自我价值	77
永远别认为自己一无是处	79
成功与失败之遥在于信念	80
关键时候要有魄力	83
找到自己就找到了世界	85

第四篇　挫折是人生的财富

微笑的人生没有难题	88
从过去的生活中摆脱出来	89
不经历风雨怎么见彩虹	90
接受来自苦难的恩赐	91
全力以赴，抓住机遇	94
对失败说"你好"	96
敢于冒险	99
把苦难当作人生的试金石	102
不做困难和挫折的俘虏	105
不要被人生的"苍蝇"和"牛虻"所左右	107
低谷的前方是黎明	108
在绝境中获得重生	110
我们能创造生命的奇迹	111
在逆境之中崛起	113
让成功在失败中崛起	115
培养战胜逆境的意志	117
用希望点燃生命的激情	119

第五篇　能屈能伸是好汉

为人之道就是要善忍	122
小不忍则乱大谋	123
让人三分好，得理且饶人	126
饶人不是痴汉，痴汉不会饶人	128
忍小辱才能做大事	131

暂且退让又何妨　　　　　　　　　　　　133
虚心听取他人善意的忠告　　　　　　　135
适当看轻自己的面子　　　　　　　　　137
斤斤计较只能徒添烦恼　　　　　　　　138
成大事者需有容人之量　　　　　　　　140
退后一步自然宽　　　　　　　　　　　141
将目光放远大些　　　　　　　　　　　144
妥协是一种智慧，变通是一种方法　　　145
错了，就立即承认　　　　　　　　　　148

第六篇　敢拼才能赢

有梦想更要有行动　　　　　　　　　　152
心动不如行动，想到不如做到　　　　　153
永葆一颗热忱之心　　　　　　　　　　155
成功需要再迈出一步　　　　　　　　　158
坚持是成功的基石　　　　　　　　　　160
努力不一定成功，但放弃绝对失败　　　162
与其放弃，不如一试　　　　　　　　　164
胆量有多大，收获有多大　　　　　　　166
绝不畏惧和躲避成功　　　　　　　　　169
有勇气，才能有财气　　　　　　　　　172
敢拼不硬拼，斗智不斗力　　　　　　　174
让时间发挥最大的价值　　　　　　　　176
让自己不可替代　　　　　　　　　　　178
为自己找到合适的定位　　　　　　　　180
认定目标，坚持不懈　　　　　　　　　183

第一篇
成功需要积极的心态

积极的心态是一种看不见的法宝

对于每个人来说，具备积极的心态都是一件很重要的事。从某种意义上说，它可以决定我们的一切，无论是健康、幸福以及财富，都离不开积极心态的力量。

可以说，始终保持一种积极主动的心态，积极地思考问题，这是一个人的动力之源，成功之基。凡事都能够积极主动、全力以赴去做的人，无论处在何种境地，都能畅通无阻，不断进步。

在2008年北京奥运会的赛场上，在女子柔道78公斤以上级决赛中，中国选手佟文在离比赛只剩15秒的时候上演了一场惊天大逆转，第六次战胜老对手冢田真希，为中国队夺回了失去8年之久的女子柔道78公斤以上级金牌。

佟文在谈到这场比赛的时候说："我是为了捍卫中国女子大级别而战，必胜的信念一直在支撑着我。包括落后的时候，我也相信自己一定会取得胜利。"

也许大家还记得这场比赛的情景，这不是一场容易赢得的胜利，夺金过程让所有的人都捏了一把汗。而第一次参加奥运会的佟文没有因决赛中的强劲对手而感到胆怯，在她的心里，想的就是"只要参加就必须拿冠军，见到谁就必须赢谁"。正是在这种积极心态的影响下，佟文赢得了这枚宝贵的金牌。正如她自己所言："整场比赛不管是开始也好，到我赢分也好，中间输分也好，'放弃'这两个字在我的脑海中从来没有出现过，我始终坚信自己必胜。"

佟文的故事给了我们这样的启迪，那就是我们的心态在很大程度上决定了我们人生的成败。有些人总是说自己的境况是由别人造成的，是外在的环境决定了他们的人生位置，但是他们根本不懂得，境况不是由周围环境造成的，说到底，如何看待人生，由我们自己决定。

关于心态的意义，拿破仑·希尔说过这样一段话："人与人之间只有很小的差异，但是这种很小的差异却造成了巨大的差异。很小的差异就是所具备的心态是积极的还是消极的，巨大的差异就是成功和失败。"从现在开始，如果你愿意，相信你可以选择积极的心态，改变你的人生。

在美国，有一位叫亚特的保险推销员，在一个寒冷的傍晚，他在一个街区中推销保险，可是在经济萧条的情况下，他没有做成一笔生意。万分沮丧的他感到极为失落，于是他找了个咖啡屋坐下，开始思考自己到底应该怎么办。

毕竟，在不景气的经济条件下，再换工作恐怕也是不现实的。

就在这时，服务员热情地递上了热气腾腾的咖啡。他看着服务员那张亲切的笑脸，猛然醒悟了。

他感受到了这样一个不起眼的咖啡屋的服务员那热情的态度，觉得自己这样灰心沮丧是没有道理的。于是，在品尝咖啡的过程中，他想到了自己该怎么办。

第二天，当他从办公室出发时，他向同事们讲述了昨天所遭遇的失败，然后他说："看吧，今天我还要拜访那些顾客，我保证能售出保单。"他回到那个街区，又拜访了前一天同他谈过话的每一个人。也许正是在这种相信自己能行的积极心态的作用下，到了晚上的时候，亚特已经售出了50张新的保险单。

从这个例子中我们也可以看到，积极的心态可以使一个人在万念俱灰的时候，及时找回自信、恢复斗志、激发活力。经济危机的出现让很多人失去了原有的工作或缩减了薪水，让很多人感到心灰意冷。其实大可不必，任何困难和损失都只是暂时的，危机总会过去，但积极的心态要是一旦丧失了，那给自己带来的消极影响将无法弥补。

人生感悟

无论我们今天在做着什么样的工作，处于什么样的位置，都必须保持积极主动的心态去面对不如意的事情，这样我们才能确保希望和成功的到来。无论在怎样的情况下，都不能怀疑我们最终赢得成功的能力，只有让积极的心态支撑我们，我们才能迈向成功。

改变心态才能改变命运

为什么有些人就是比其他的人更成功,能赚更多的钱,拥有不错的工作、良好的人际关系、健康的身体,整天快快乐乐地过着高品质的生活,似乎他们的生活就是比别人过得好。而许多人忙忙碌碌地劳作却只能维持生计。其实,人与人之间并没有多大的区别。但为什么有许多人能够获得成功,能够克服万难去建功立业,有些人却不行?

不少心理学专家发现,这个秘密就是人的"心态"。一位哲人说:"你的心态就是你真正的主人。"一位伟人说:"要么你去驾驭生命,要么是生命驾驭你。你的心态决定谁是坐骑,谁是骑师。"也就是说,心态决定命运。

英国著名文豪狄更斯曾经说得更经典:"一个健全的心态,比一百种智慧都更有力量。"这句不朽的名言告诉我们一个真理:有什么样的心态,就会有什么样的人生。人类几千年的文明史告诉我们,积极的心态能帮助我们获取健康、幸福和财富;而消极的心态会剥夺对我们的生活有意义的东西,即使人生已经到达顶峰,它也会把我们从顶峰上推落下来,使我们跌入低谷。

大概是40年前,福建某贫穷的乡村里,住了兄弟两人。他们抵受不了穷困的环境,便决定离开家乡,到海外去谋发展。大哥好像幸运些,被奴隶般地卖到了富庶的旧金山,弟弟被卖到比中国更穷困的菲律宾。

40年后,兄弟俩又幸运地聚在一起。今日的他们,已今非昔比了。做哥哥的,当了旧金山的侨领,拥有两间餐馆,两间洗衣店和一间杂货铺,而且子孙满堂,有些承继衣钵,又有些成为杰出的工程师或电脑工程师等科技专业人才。

弟弟呢?居然成了一位享誉世界的银行家,拥有东南亚相当分量的山林、橡胶园和银行。经过几十年的努力,他们都成功了。但为什么兄弟两人在事业上的成就,却有如此的差别呢?

兄弟聚头,不免谈谈分别以来的遭遇。哥哥说,我们中国人到白人的社会,既然没有什么特别的才干,唯有用一双手煮饭给白人吃,为他们洗衣服。总之,白人不肯做的工作,我们华人统统顶上了,生活是没有问题的，但事业却不敢奢望了。例如我的子孙，书虽然读得不少，也不敢妄想，唯有安安分分地去担当一些中层的技术性工作来谋生。至于要进入上层的白人社会，相信很难办到。看见弟弟这般成功，做哥哥的，不免羡慕弟弟的幸福。弟弟却说，幸运是没有的。初来菲律宾的时候，担任些低贱的工作，但发现当地的人有些是比较愚蠢和懒惰的，于是便顶下他们放弃的事业，慢慢地不断收购和扩张，生意便逐渐做大了。

以上是真实的故事，反映了海外华人的奋斗历史。它告诉我们：影响我们人生的绝不仅仅是环境，心态控制了个人的行动和思想。同时，心态也决定了自己的视野、事业和成就。

有两位年届70岁的老太太，一位认为到了这个年纪可算是人生的尽头，于是便开始料理后事；另一位却认为一个人能做什么事不在于年龄的大小，而在于怎么个想法。于是，她在70岁高龄之际开始学习登山，其中几座还是世界上有名的。就在最近，她还以95岁高龄登上了日本的富士山，打破攀登此山年龄最高的纪录。她就是著名的胡达·克鲁斯老太太。

70岁开始学习登山，这乃是一大奇迹。但奇迹是人创造出来的。成功人士的首要标志，是在于他有什么样的心态。胡达·克鲁斯老太太的壮举正验证了这一点。

古时有一位国王，梦见山倒了，水枯了，花也谢了，便叫王后给他解梦。王后说："大势不好。山倒了指江山要倒；水枯了指民众离心，君是舟，民是水，水枯了，舟也不能行了；花谢了指好景不长了。"国王惊出一身冷汗，从此患病，且越来越重。一位大臣要参见国王，国王在病榻上说出他的心事，哪知大臣一听，大笑说："太好了，山倒了指从此天下太平；水枯指真龙现身，国王，你是真龙天子；花谢了，花谢见果子呀！"国王全身轻松，很快痊愈。

有这样一个老太太，她有两个儿子，大儿子是染布的，二儿子是卖伞的，她整天为两个儿子发愁。天一下雨，她就会为大儿子发愁，因为不能晒布了；天一放晴，她就会为二儿子发愁，因为不下雨二儿子的伞就卖不出去。老太太总是愁眉紧锁，没有一天开心的日子，弄得疾病缠身，骨瘦如柴。一位哲学家告诉她，为什么不反过来想呢？天一下雨，你就为二儿子高兴，因为他可以卖伞了；天一放晴，你就为大儿子高兴，因为他可以晒布了。在哲学家的开导下，老太太以后天天都是乐呵呵的，身体自然健康起来了。看来，事物都有其两面性，问题就在于当事者怎样去对待它们。强者对待事物，不看消极的一面，只取积极的一面。如果摔了一跤，把手摔出血了，他会想：多亏没把胳膊摔断；如果遭遇了车祸，撞折了一条腿，他会想：大难不死必有后福。强者把每一天都当做新生命的诞生而充满希望，尽管这一天有许多麻烦事等着他；强者又把每一天都当做生命的最后一天，倍加珍惜。

美国潜能成功学家罗宾说："面对人生逆境或困境时所持的信念，远比任何事都来得重要。"这是因为，积极的信念和消极的信念直接影响创业者的成败。

美国成功学学者拿破仑·希尔关于心态的意义说过这样一段话："人与人之间只有很小的差异，但是这种很小的差异却造成了巨大的差异!很小的差异就是所具备的心态是积极的还是消极的，巨大的差异就是成功和失败。"

是的，一个人面对失败所持的心态往往决定他一生的命运。

积极的心态有助于人们克服困难，使人看到希望，保持进取的旺盛斗志。消极心态使人沮丧、失望，对生活和人生充满了抱怨，自我封闭，限制和扼杀自己的潜能。积极的心态创造人生，消极的心态消耗人生。积极的心态是成功的起点，是生命的阳光和雨露，让人的心灵成为一只翱翔的雄鹰。消极的心态是失败的源泉，是生命的慢性杀手，使人受制于自我设置的某种阴影。选择了积极的心态，就等于选择了成功的希望；选择消极的心态，就注定要走入失败的沼泽。如果你想成功，想把美梦变成现实，就必须摒弃这种扼杀你的潜能、摧毁你希望的消极心态。

人生感悟

如果你对目前的状况不满意并想改变的话，请记住：要改变命运，先要改变心态。

给自己颁一个"终生成就奖"

持有消极心态的人总是把自己的工作当成一种苦役，而持有积极心态的人却把自己的工作当成一种享受，这是因为后一种人总是能从自己所从事的工作中感受到快乐，并传播着快乐的缘故。

日本有一项国家级的奖项，叫"终生成就奖"。在素来都把荣誉看得比自己的生命更为重要的日本人心目中，这是一项人人都梦寐以求却又高不可攀的至高荣誉。在日本，有无数的社会精英以及博学人士一辈子努力奋斗的目标，就是希望能够最终获得这项大奖。但最近一届的"终生成就奖"，却在举国上下的期盼和瞩目中，出人意料地颁发给了一位名叫清水龟之助的小人物。

清水龟之助是东京一名地位卑微的邮差，他每天的工作，就是将各式各样的邮件快速而准确地投送到每一个相关的家庭。与那些长期从事能够推动人类历史快速发展的高尖端科技研究的专家学者们相比，清水龟之助所从事的工作，简直就是微不足道、不值一提的事。然而，就是这位长期从事着如此平淡无奇的邮差工作的清水龟之助，却无可争议地获得了这项殊荣。

在他从事邮差工作的整整25年中，清水龟之助的工作态度始终和他到职第一天的那种认真和投入没有什么两样。在不算短暂的25年中，他从未有过请假、迟到、早退、脱岗等任何不良情况。而且他所经手投递的数以亿计的邮件，从未出现过任何差错。不论是狂风暴雨，还是地冻天寒，甚至在大地震的灾难当中，他都能够及时而准确地把邮件投送到收件人的手中。

是什么样的力量支撑着清水龟之助几十年如一日持之以恒地把一件极为平凡普通的工作，铸造成了一项伟大无比的成就呢？清水龟之助对此不无感慨地说："是快乐，我从我所从事的工作中，感受了无穷的快乐。"

清水龟之助说，他之所以能够25年如一日地做好邮差这份卑微的工作，主要是他喜欢看到人们在接获远方的亲友捎来的讯息时，脸上出现的那种发自内心的快乐而欣喜的表情。自己微不足道的工作，竟然能够给别人带来莫大的心灵安慰和精神快乐，这使他感到更大的欣慰和快乐，所以他觉得自己的工作神圣而有意义。他说，只要一想起收件人脸上荡漾开来的那种快乐表情，即使再恶劣的天气，再危险的境况，也无法阻止我一定要将邮件送达的决心。

正是这种快乐的力量，支持清水龟之助完成了这项伟大的成就；也正是这种在极其平凡的工作中能够感受到生活快乐的精神，感动了这个轻易不会被感动的民族。

人生感悟

快乐是人类最神圣的情感需求，每个人都应该尊重它，并且有义务在生活的每时每处创造它、传播它，一个全心全意为获得快乐和传播快乐而工作的人是伟大的，也是受人尊敬的，"终身成就奖"对他来说当然是当之无愧。

以乐观心态感知成功力量

心灵作家丹尼尔·史瓦兹在他的一本书中提到，人如果要获得真正的快乐，就必须要具备一颗乐观、开朗的心，即使身处逆境也要时时觉得自己很幸运。他说："把全部注意力集中在错误的事情上，并不能解决问题，更无法使你的心情愉快。"的确，成功的路并不会是顺畅无阻的，面对障碍时，我们所需要做的第一件事便是站起来反抗它。不要因它而抱怨，更不要被它所压制。

在通常情况下，一般人在情况好时均能保持力量，但是在情势不佳时，面对困难的能力往往会锐减或丧失。因此，设法保持战斗力量便是走向成功的关键所在。

英特尔公司的总裁安迪·葛洛夫曾是美国《时代》周刊的风云人物。在20世纪70年代，他创造了半导体产业的神话，很多人只知道他是美国巨富，却不知道他的人生也有一段鲜为人知的苦难经历。

由于家境贫寒，安迪·葛洛夫从小便吃尽了缺衣少食和受人歧视的苦头，他发誓要出人头地。他看起来比同龄人显得成熟而老练。在上学期间，他便表现出了商业才能，他会在市场上买来各种半导体零件，经过组装后低价卖给同学，他只从中赚取手工费。

由于他组装的半导体比原装的便宜很多，而质量却不相上下，所以在学校里很走俏。他的学习成绩也非常优秀，他的好学与经商所表现出来的聪明才智，得到了老师的表扬。可是谁也想不到，他竟是个极度悲观的人。也许是受贫困的家境影响，凡事他都爱走极端，这在他以后的经商之路上淋漓尽致地表现了出来。

那是安迪·葛洛夫第三次破产后的一个黄昏，他一个人漫步在家乡的河边，他从早早去世的父母想到了自己辛苦创下的基业一次次破产，内心充满了阴云。悲痛不已的他在号啕大哭后，望着滔滔的河水发呆，他想如果他就这样跳下去的话，很快就会得到解脱，世间的一切烦愁都与他无关了。

这时，对岸走来了一位憨头憨脑的青年，他背着一个鱼篓，哼着歌从桥上走了过来，他就是拉里·穆尔。安迪·葛洛夫被拉里·穆尔的情绪感染，便问他："先生，你今天捕了很多鱼吗？"拉里·穆尔回答说："没有啊，我今天一条鱼都没捕到。"拉里·穆尔边说边将鱼篓放了下来，里面果然空空如也。

安迪·葛洛夫不解地问："你既然一无所获，那为什么还这么高兴呢？"拉里·穆尔乐呵呵地说："我捕鱼不全是为了赚钱，而是为了享受捕鱼的过程，你难道没有觉得被晚霞渲染过的河水比平时更加美丽吗？"一句话让安迪·葛洛夫豁然开朗，于是，这个对经商一窍不通的渔夫拉里·穆尔，在安迪·葛洛夫的再三邀请下，成了英特尔公司总裁的贴身助理。

很快，英特尔公司奇迹般地再次崛起，安迪·葛洛夫也成了美国巨富。在创业的数年间，公司的股东和技术精英不止一次地向总裁安迪·葛洛夫提出质疑，那个没有半点半导体知识、毫无经商才能的拉里·穆尔，真的值得如此重用吗？

每当听到这样的问题，安迪·葛洛夫总是冷静地说："是的，他确实什么都不懂，而我也不缺少智慧和经商的才能，更不缺少技术，我缺少的只是他面对苦难的豁达心胸和面对人生的乐观态度，而他的这种豁达心胸和乐观态度，总能让我受到感染而不至于作出错误的决策。"

一个能够坦然面对挫折与失败的人，往往是因为他对事物有一个正确的看法，他那种豁达的性格，其实正是一种乐观的心态。

在这个世界上，有许多事情是我们难以预料的。我们不能控制机遇，却可以掌握自己；我们无法预知未来，却可以把握现在；我们不知道自己的生命有多长，却可以安排眼前的生活；我们左右不了变化无常的大气，却可以调整自己的心情。只要我们每天都保持一个乐观而积极的心态，那我们的人生就一定不会失色。

人生感悟

成功的道路会有坎坷。面对困境,不同的人会有不同的选择,但只要拥有了乐观向上的积极进取的心态,成功的到来便指日可待了。

快乐是成功的法宝

有人说,快乐就是成功,这是一种充满阳光的人生哲学。在现实生活中,我们不难见到这样一类人,他们脸色红润,身体健康,笑口常开,心情愉快,他们活出了人之为人的全部趣味,但在事业上却没有太大的建树,与名利双收、功成名就不怎么沾边。这样的人是失败者吗?其实未必。

莎士比亚在谈到人生的处境时曾经有过一个很经典的比喻,他说,我们的身心就是一个园圃,而我们的主观意志就是园圃的园丁。我们不论是种植奇花异草或单独培植一种树木,还是任其荒芜,权力都在我们自己。也就是说,你假如愿意自己是快乐幸福的,你自己就可以做到,权力都在你自己的手里。一切都在我们个人的主观意志之中,我们可以让自己的生活充满喜悦,也可以让自己的生活丰富多彩。

美国专栏作家威廉·科贝特曾在一篇文章中写道:"我们的目光不可能一下子投向数十年之后,我们的手也不可能一下子就触摸到数十年后的那个目标,其间的距离,我们为什么不能用快乐的心态去完成呢?"

年轻时,威廉·科贝特辞掉了报社的工作,一头扎进创作中去,可他心中的"鸿篇巨制"却一直写不出来,他感到十分痛苦和绝望。

一天,他在街上遇到了一位朋友,便不由得向他倾诉了自己的苦恼。朋友听后,对他说:"咱们走路去我家好吗?""走路去你家?至少也得走上几个小时。"朋友见他退缩,便改口说:"咱们就到前面走走吧。"

一路上,朋友带着他到射击游艺场观看射击,到动物园观看猴子。他们走走停停,不知不觉,竟走到了朋友的家里。几个小时走下来,他们一点都没有感到累。在朋友家里,威廉·科贝特听到了让他终身难忘的一席话:"今天走的路,你要记在心里,无论你与目标之间有多远,也要学会轻松地走路。只有这样,在走向目标的过程中,才不会感到烦闷,才不会被遥远的未来吓倒。"

就是这番话，改变了威廉·科贝特的创作态度。他不再把创作看做是一件苦差，而是在轻松的创作过程中，尽情地享受创作的快乐。不知不觉间，他写出了《莫德》《交际》等一系列名篇佳作，成为美国著名的专栏作家。

境由心造，不论我们处于什么境地，我们都可以把它当做自己的福地。成功的时候，尽情地享受成功；逆境的时候，为未来的希望快乐。

在美国的阿拉斯加州，有一个名叫格鲁特吉伦的小镇。这里靠近北极圈，全年平均气温只有4℃，冬天最低气温可达到-40℃，一年四季，该镇都笼罩在一片皑皑白雪之中。由于气候寒冷，居民的生活来源有限，因此，该镇失业人口众多，人们的生活极为艰苦。不少人悲观失望，郁郁寡欢，一些人甚至打算背井离乡，前往他处谋生。

为了驱散格鲁特吉伦镇的悲观气氛，鼓励当地居民积极生活，格鲁特吉伦镇委员会制定了一条在全世界都堪称独一无二的法令。该法令规定：每天傍晚6点至7点为"快乐一小时"时间，在这60分钟里，镇上的所有居民包括前往该镇旅游的客人都必须快快乐乐，不得吵架生气，悲观失望，愁眉苦脸，郁郁寡欢。如果谁违反了这一法令，轻者将处罚金，重者则强制学习，学习的内容是观看喜剧电影和诙谐有趣的电视脱口秀节目。

这一奇特的法令颁布后，每到傍晚6点至7点，那些面带微笑的警察和执法人员便走街串巷，观察人们是否正在"快乐"，如果发现不快乐者，执法者会微笑着对其进行处罚。渐渐地，在每天的"快乐一小时"期间，格鲁特吉伦镇就成了一个快乐大本营，无论男女老少，无论平民富商，大家都聚在一起，开怀大笑，相互逗乐。

也许，快乐是可以感染的，在这集体狂欢中，人人都变得心情舒畅，那些情绪低落的人也受到感染，加入到了快乐的队伍中。

也许，真的是"快乐法令"产生了效果，欢乐与温暖降临在了这个寒冷的北极小镇，使格鲁特吉伦镇充满了活力。

20世纪初，一位少年梦想成为帕格尼尼那样的小提琴演奏家，他一有空闲就练琴，练得如痴如醉，走火入魔，然而却进步甚微，连父母都觉得这可怜的孩子拉得实在太蹩脚了，完全没有音乐天赋，但又怕讲出真话会伤害少年的自尊心。

有一天，少年去请教一位老琴师，老琴师说："孩子，你先拉一支曲子给我听听。"少年拉了帕格尼尼24首练习曲中的第三支，简直是破绽百出，不忍卒听。一曲终了,老琴师问少年:"你为什么特别喜欢拉小提琴呢?"少年说:"我想成功,我想成为帕格尼尼那样伟大的小提琴演奏家。"老琴师又问道:"那你快乐吗?"少年回答:"我非常快乐。"老琴师把少年带到自家的花园里,对他说:"孩子,你感到快乐,这说明你已经成功了,又何必非要成为帕格尼尼那样伟大的小提琴演奏家不可呢?在我看来,快乐本身就是成功。"

少年听了琴师的话,深受触动,他终于明白过来,快乐是世间成本最低、风险也最低的成功,却能给人带来真正的实惠。假如舍此求他,就很可能会陷入失望、怅惘和郁闷的沼泽。少年心头的那团狂热之火从此冷静下来,他仍然常拉小提琴,但不再受困于帕格尼尼的梦想。这位少年就是阿尔伯特·爱因斯坦,他一生仍然喜欢小提琴,尽管拉得十分蹩脚,但却能自得其乐。

事实上,任何不能带来真正快乐的成功,都不能称之为成功。也许,那会是别人眼里的成功,但绝不是你自己认定的成功。很多大家认为的"成功者",他自己却并不快乐。很多达到"成功"的人悔不当初,他们直到后来才终于了解,自己奋力追求的"成功"根本没有尽头,他们被囚禁在自己辛苦塑造起来的角色里,郁郁寡欢,苦不堪言。

人生感悟

成功者告诉我们说,努力去追求成功并不表示你达到了目的,努力之后能换得快乐和满足才是最重要的。快乐是成功的法宝,要想体会成功的滋味,就要拥有一颗快乐的心。

给心灵松绑

一个被捆绑的身体,将失去行动的自由;一颗被捆绑的心灵,将无法与他人进行必要的交流,生活也将因此而变得灰暗。所以,我们应学会给心灵松绑,让灵魂喘口气。

新西兰著名女作家简奈特·弗兰出生在一个道德严谨的村落里,在那个封闭的地域,人们习惯于用一套世俗的标准审人度事,凡是逸出常态的就被认为是不正常而遭到排斥。与村民的强悍相比，简奈特从小就表现得极端怯懦，甚至宁可被嘲笑也不敢轻易出门。在村民的眼里，她是一个不合群的、被打入了另册的人，因此，几乎没有人和她交往。

简奈特的父亲是一个魔术师，为了一家人的生活整天在外奔波，早上骑着自行车出门，每天很晚才能回来。听到父亲的脚踏车声，其他三个孩子总是一拥而上，围着父亲纠缠。简奈特却照样躲在屋里一声不吭，久而久之，父亲也觉察到了什么，经常在她面前叹气，担心她日后的遭遇，或者直接就说这个孩子怎么会这么不正常。

当简奈特第一次听到别人说她不正常时，她觉得非常刺耳，可听得多了，她也渐渐相信自己是不正常了。在学校里，同学之间很容易就成了可以聊天的朋友，而她也很想加入进去，可就是不知道如何开口。上学之前，家人是很少和她交谈的，有的只是叹气或批评，到了学校这个更为陌生的环境，她更是沉默少语。她想，她真的是不正常了。

后来，经过医生的诊断，说她患有严重的自闭症、忧郁症、精神分裂症。这时，惶恐、烦恼、忧郁一齐向她袭来，她那脆弱的神经终于崩溃了，不得不住进长期疗养院，默默地接受各种奇奇怪怪的治疗。

村民们早已淡忘了她，父母也似乎忘记了她的存在，最初他们还千里迢迢来探望她，后来半年也不来一次了。茫然、无聊时，她就找来医院里一些过期的杂志阅读，渐渐地她发现自己喜欢上了这些杂志，就索性投稿了。没想到那些在家里、在学校、在医院里总是被视为不知所云的文字，竟然在一流的文学杂志上刊出了。

医院的医生有些尴尬，开始竖起耳朵听她谈话，生怕错过了任何的暗喻或句子；她的父母觉得意外——自己家里原来还有这样一个女儿；往日的村民也不可置信地发现：难道这个得了文学大奖的作家，就是当年那个古怪的小女孩？最终，简奈特·弗兰突破了世俗的偏见和自我的阴影，终于成了当今新西兰最伟大的作家。

人生感悟

一栋房子要是没有窗户，温暖的太阳就无法照射进来，新鲜的空气也不能飘进来。人也是一样，若是心灵被捆绑，就会感到沉闷不乐；只有释放心灵，心才能够通达，心灵的视觉才更清晰。

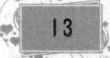

及时清除负面情绪

人生在世，难免都会遭遇不如意，人际紧张、事业不顺、情场失意，这些变故也许就在人们不经意间闯入生活，虽然它们备受人类厌恶，但是仍有一些人可以笑着迎接它们的到来，在变故面前保持着乐观的心态。面对这些生活上的不如意，你是否也能够做到泰然处之，临变不惊，处变不乱呢？

乐观的生活态度便是生活的阳光。如果你能够乐观地面对生活中的变故，那么无论遇到什么，你的生活也一定都是阳光灿烂的。但是如果你发觉自己的生活总是被阴霾笼罩，那说明你还没有学会真正的乐观，是你的负面情绪阻挡了快乐的到来。

著名发明家贝尔曾费尽大半生的财力，建立了一个庞大的实验室。但是不幸的是，一场大火将他的实验室化为灰烬，造成了严重的损失，他一生的研究心血几乎都付之一炬。

当他的儿子在火场附近焦急地找到父亲时，他看到已经67岁的父亲居然一个人静静地坐在一个小斜坡上，看着熊熊大火烧尽一切。

贝尔见儿子前来找他，突然扯开喉咙叫儿子快去找他的妈妈来："快把她找来，让她也看看这场难得一见的大火！"

大家都认为大火可能对贝尔造成了严重的打击，精神有些失常了。但是贝尔却说："大火烧尽了所有的错误。感谢上帝，我又可以重新开始了。"

没多久，贝尔的新实验室就又建立起来了。时至今日，贝尔实验室已经成为科学家的摇篮。

不幸的故事同样在演绎，但是在不同人的手中，却呈现出不尽相同的结果。有些人能在不幸的阴霾背后看到阳光，用坚定、乐观的目光追逐幸福的方向。有些人却因为不堪打击而捶胸顿足、痛不欲生、以泪洗面，并且一蹶不振、日渐萎靡，成为不幸的奴仆，在苦难中自甘堕落。悲观思想引发的负面情绪，让他们深陷于对人生的困惑中无法自拔。

没有什么苦难比乐观的心态更强大，没有什么不幸比快乐的情绪更有召唤力。乐观不仅是一种生活态度，也是一种涵养，更是一种对人生的领

悟和透视，一种主导人生航向的坐标，一种生活的智慧。用积极乐观的心态与命运抗衡，那么一切都会被我们画上积极的色彩，使我们成为主导快乐的主体，引导人生驶向快乐的彼岸。

把握住乐观的心态，我们也就把握住了人生的快乐航向，即便人生再多风浪，也会因有快乐护航而越显美好。那么在现实生活中，我们应该如何培养自己的乐观心态，从而使自己免受负面情绪的影响呢？

一、把目光锁定在积极的层面上

在生活中，有些人之所以会表现出负面情绪，是因为他们将注意力过多地放在了那些令他们不愉快的事情上。当你受到不公平待遇时，你是否将注意力都集中在了对得失的关注上？当你遭遇所谓的苦难或不幸时，你是否将目光都锁定在那些令你痛苦的感觉上？如果你总是关注事物消极的一面，那么你便会被一系列的负面情绪所包围，很难会有轻松快乐的时候。

任何事物都有正负两面，当你将目光放在那些正面因素上时，你便已经开始锁定快乐了。在遭遇不如意时，你应该努力寻找其中的正面因素，并持续关注它们，建立积极快乐的情绪，以此来击退那些负面情绪，逐渐摒弃它们对你的影响。

二、在知足中寻找快乐

整日眉头紧锁的人，常常是那些追求尽善尽美的完美苛求者，因为无法获得令自己满意的现状，所以他们总是被负面情绪所困扰。欲望所带来的压力，总让他们关注那些自己未能得到的东西，他们总是为此郁郁寡欢。是无穷的欲望，让他们丧失了快乐。

懂得知足，才不会被欲望左右，才能因为自己所拥有的而感到快乐。乐观的人不会因为人生的失去而悲伤痛苦，知足的心态，常常令他们为自己所拥有的一切而欢呼、快乐。将自己置身于人生所拥有的一切当中，你便会被快乐所包围。

三、不做人生的苛求者

俗话说："难得糊涂。"在生活中，那些乐观者往往都是不计较、不挑剔的"憨厚"人，因为不会将注意力放在对是非分明的过分纠缠上和对人生缺陷的不满上，所以他们总是生活得很快乐。

凡事不要过于挑剔，完美总是可望而不可求的，世界上没有完美的东西，你应该多去注意自己所拥有的，努力使自己的人生更美好，但绝不挑剔、指责和抱怨，带着这样的态度去生活，你便会变得快乐而积极，成为

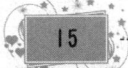

第一篇 ◆ 成功需要积极的心态

主导自我人生快乐的主人。

四、学会转移痛苦

人生莫测，是苦是乐都需要勇敢面对，泰然接受，但是接受并不是终点，除了行动起来扭转现状之外，有时也需要自我疗伤。对于不佳情绪的处理，我们可以使用自我意识改变的方法，也就是自我暗示，但是有时候，有些人往往无法清晰感知这种自我暗示的力量，所以如果你发觉情绪因生活而动荡不安、无法扭转时，不如将一些美好的事物带入情绪中，驱赶走那些不良情绪，转移自己的情绪，以获得心灵的放松。

如聆听一些优美的音乐、看几场有趣的电影、同好朋友一同出外旅游、写写日记、听听相声笑话，或是到健身房做做运动，通过外界事物的力量，让自己的注意力从那些不愉快的事物上转移开来。

五、懂得适时屈就

对于人生中的困境，我们往往会倔强回击，希望以此击退其对自我的干扰，但是有时现实却并不会因此而做出丝毫让步。此时唯有更改面对现实的态度，才能脱离不安情绪，唯有改变心境才能看到另一片晴朗的人生场景。

用乐观向上的心态去面对生活，带着快乐的心境欣然接受一切，对现实做一些小小的让步，放弃那些所谓的"负担"，那么即便它再艰苦，我们也不会为此而沮丧至极。

我们不仅要学会面对和改变，同样也要学会适时的屈就。一时的屈就并不等于懦弱，更不是悲观的表现，而是一种前进的智慧。

人生感悟

<u>放下生活中的那些不如意，是为了把更多的精力放在如何改变现状上，避开负面情绪的干扰，我们的人生之路才能畅通无阻，一路向前。</u>

活在当下，而不是过去和未来

我们的生命不会回到过去，更不会提前到达未来，只有现在正在进行着的生命才能带给我们真实存在的一切。学会活在当下，便能忘却生命中那些过往的不快，也不会对未来担忧，就会因正在进行着的生命和正在拥有的一切而感到快乐。但是现实生活中，真正活在当下的人却并不多，有些人为了过往的错失而遗憾，因为不愿提及的尘封记忆而耿耿于怀，有些人则为了前路的迷茫而恐惧，为了未来的自己而担忧、不安，如同过桥时的瞻前顾后。能够将生命的全部注意力放在当下，不为过去以及未来而耗费自我精力的人，才能真正创造出与众不同的人生。

在担任毕马威会计师事务所（KPMG）的董事长和首席执行官时，时年53岁的尤金·奥凯利正处于人生和事业的巅峰时期，他事业蒸蒸日上，家庭幸福美满，生活上的一切都让他感到生活的美好。为此他为自己制订了一个又一个美好的生活计划：参加女儿的开学仪式、陪家人一同外出旅游、为自己职业生涯的再一次突破作出努力……

但是就在一切顺风顺水之时，上天却给了他一个晴天霹雳，2005年5月，尤金·奥凯利被确诊为脑癌晚期，医生告诉他生命只有3到6个月了。面对这突如其来的结果，尤金·奥凯利并没有因此而沮丧不安，他立即修改了原有的人生计划，利用一切尚存的时间继续书写自己的人生。他用生命的最后时光，争分夺秒地书写自己对人生的感悟《追逐日光》。在他的书中他写道："人生不可以重来，不可以跳过，我们只能选择以一种最有意义的方式度过：那就是活在当下，追逐日光！"

活在当下，追逐日光，尤金·奥凯利用自己的切身经历书写了一曲震撼人心的生命之歌。面对现实的不可抗性，唯有优化自我生命的纯度，才能真正诠释出生命的意义。将最专注的精力放在对当下生活的追逐上，抓住正在进行的这一刻的人生，不为前路的坎坷、无着落而担忧，不为过往云烟的起落而缅怀，才能生活得无忧无虑，这样也才是对生命最高程度的敬仰。

生命从来都不会对谁过于慷慨，即便百年的人生也是转瞬即逝，如果我们没有将精力放在对现有快乐的感恩和珍惜上，那么对于我们来说，岂不是白白浪费了大自然赋予我们的生命恩宠。用乐观去诠释自我生命的美好，我们才能用生命渲染世界的美丽。让我们从现在开始，学会活在当下，珍惜现有的每一刻。

那么在现实生活中，我们都应该做到哪些呢？

一、忘记过去的不愉快

也许你的过去有令你刻骨铭心的过往，也许你在昨天还经历了令你不愿提及的心灵伤痛，但是在你今天的生活中，你便应该将从昨天到不记事时的所有不快乐忘记。如果你还在为过去的种种不愉快而沮丧难过，甚至难以自拔，那么你便是在不停地刺激自己的负面情绪，使其不断涌现，从而无法体味现有生活的快乐。

将过去的不愉快拿出来放在心上琢磨，就如同触碰刚刚结疤的伤口，是一种情感上的自我摧残。有智慧的人绝对不会为过去的种种不愉快而更改现有的生活轨迹，每遭遇一次不愉快，他们都能迅速矫正自己的人生方向，把过去的不快乐尘封起来，用乐观的心态迎接下一刻的到来。所以不论你过去经历过什么，你都应该试着忘记，把生命的全部精力留在对生命现有一刻的追求上。

二、不为遗憾而伤脑筋

因为追悔往昔，有些人始终都生活在遗憾中，遗憾当初没有听从师长的教导，后悔自己没有在学习上竭尽全力，为误解了曾经的好朋友而多年耿耿于怀。但是世界上没有可以重新来过的灵药，再多的遗憾也无法回到过去加以弥补，对过往的追忆和后悔只是一种精力的浪费，让我们无法专注于今天，专注于我们眼前的生活。

时光不会倒转，过去的事将会永远留在过去的刻度上，我们没有必要再去追忆，更不必为某些过往遗憾、难过、痛楚，让一切安然地留在过去，让自己轻装上阵，过好每一个今天。

三、学会珍惜身边的人

有些人只有失去了才懂得珍惜。很多人往往在时过境迁后才真正发出这样的感慨，与其悔不当初，为何不在当初就好好珍惜身边的人呢？与其为曾经的失去而痛苦，不如从现在开始，学会珍惜自己身边的人，善待他们，与他们分享快乐，共担忧愁。

四、用专注的精力经营你所拥有的

无论是学生、单身上班族、热恋中的人、走进婚姻殿堂的人，还是儿孙满堂的人，都拥有着属于自己的人生财富，只要生活在世界上，我们就都会拥有属于自己的那一份，用专注的精力去经营那些我们正在拥有的一切。所以无论是工作、学习还是感情，我们都应该全力以赴，因为一切的过往都无法重复，只有把握现在，抓住每一刻每一秒，才能创造属于我们自己的幸福。

五、展望未来，但不为未来担忧

很多人都对未来的生活充满憧憬，于是人们规划未来，希望一切都能如自己所愿，当然有些人也就难免为未来道路上的重重阻碍忧心忡忡。然而越是为未来担忧，越是无法集中精力做好眼前的事，人生方向离期待中的越来越远，也就不足为奇了。

人生感悟

未来的确是需要憧憬或展望的，但是更需要付出实际行动去兑现，只有全力以赴做好眼前的事，才能真正接近憧憬中的未来。所以你可以计划未来，但是绝对不应该为未来担忧，做好现在，才能有好未来。

跨过自己心中的栏杆

在人生的奋斗中，我们的面前往往横亘着一道道难关。倘若我们心存疑虑，畏首畏尾，势必寸步难行、一事无成。我们只有坚定信念、鼓足勇气、突破心理障碍，才能不断地超越自我，达到更高的境界。

巴拉斯出生于一个贫困的家庭，母亲患有精神分裂症，不但无法正常工作，一旦病情发作还常常冲巴拉斯大声地吼叫甚至动手打她。父亲因患小儿麻痹症，瘸了一条腿，对生活早已失去了希望，他不但好赌还酗酒。因此，无人管束的巴拉斯整天像个男孩子一样四处疯跑，跟人打架，还染上了偷盗的恶习。

巴拉斯12岁那年，一个名叫威尔逊的跳高运动员把她带到运动场上教她练习跳高。开始时，巴拉斯站在运动场上不敢动弹，她胆怯地问："威尔逊先生，我真的能像您一样成为一名跳高运动员吗？"威尔逊反问她："为什么不能呢？"巴拉斯说："您难道不知道，我的母亲是一个患有精神分裂症的人，我的父亲是残疾人，并且还是一个酒鬼，我的家境很糟糕……"

威尔逊再次反问她："这些跟你跳高又有什么关系呢？"巴拉斯回答不上来了，是啊，这跟她跳高又有什么关系呢。巴拉斯嗫嚅了半天说："因为我不是个好孩子，而你却是那么优秀。"威尔逊摇了摇头说："除非你自己不愿意成为一个好孩子，没有人天生就很优秀。另外，我要告诉你的是，别把不好的家境当成你变成好孩子的阻力，而要让它成为你的动力。"

说完，威尔逊给她加了一个1米高的栏杆，结果被巴拉斯轻易地跳过了。威尔逊又将那根栏杆撤下来；结果巴拉斯仅能跳过0.6米。威尔逊说："现在这根栏杆就是你苦难的家境，而没有这根栏杆，你跳高的时候就没有足够的动力，如果你不相信的话，我现在就将栏杆加到1.2米，你一定能够跳过去的。"巴拉斯咬了咬牙，真的跳过了1.2米。巴拉斯相信了威尔逊的话，决定要出人头地，以靠自己的实力来改变家里的现状。

后来，经过威尔逊的介绍，她加入了体育俱乐部，并认识了罗马尼亚的全国男子跳高冠军约·索特尔。在索特尔的精心培育下，14岁的巴拉斯跳过了1.51米。1956年夏天，19岁的巴拉斯终于跳过了1.75米，第一次打破了世界纪录。

1958年，她又以1.78米的成绩创造了新的世界纪录，并从此开始了巴拉斯时代。她在1956年至1961年的5年中，共14次刷新世界纪录。1960年在罗马奥运会上，巴拉斯以1.85米的成绩获得了她一生中第一枚奥运金牌，比第二名的成绩高出14厘米。1961年她再创造世界纪录，越过了被誉为"世界屋脊"的1.91米的高度。此纪录一直保持了10年之久。从1959年到1967年，她在140次比赛中获胜，是世界上跳高比赛获胜最多的女运动员，被人们誉为喀尔巴阡山的"女飞鹰"。

可以说，跨越栏杆是人生的一次次挑战。面对生活和工作中的不如意，我们只有积蓄能量，想方设法去面对，才能成为自己的主人。选择跨越，一方面可以得到身心的磨炼与考验，增加驾驭命运、掌控未来的力量，另一方面也通过成功跨越增强了自己的信心，成就了自身的事业，使自己可以上升到更加广阔的发展平台。

布勒卡是闻名全球的奥运会撑竿跳冠军，他曾35次创造了撑竿跳世界纪录，享有"撑竿跳沙皇"的美誉。

在一次隆重、热烈的"国家勋章"授勋典礼上，记者们纷纷向他发问："你成功的秘诀是什么？"布勒卡只微笑着说了一句话："就是在每一次起跳前，我都会先把自己的心摔过横杆。"

殊不知，布勒卡和其他的撑竿跳选手一样，也曾有过一段失落的日子。尽管他非常渴望成功，渴望创造新的成绩，不断地去冲击新的高度，但总是失败而返。为此，他苦恼过，彷徨过，也沮丧过，甚至动摇过，怀疑自己不是这块料。

有一天，他照例来到训练场，却怎么也打不起精神，连连叹气，他对教练说："我实在跳不过去。"教练问他："你心里是怎么想的？"布勃卡如实回答说："我只要一踏上起跑线，看到那根高悬的横杆时，心里就害怕。"教练一声断喝："布勃卡！你现在要做的就是闭上眼睛，先把你的心从横杆上'摔'过去！"教练的厉声训斥，让布勃卡如梦初醒，顿时恍然大悟。他遵从教练的吩咐，重新撑起跳竿又试跳了一次，这一次他果然顺利地一越而过。

对于弱者来说，栏杆似乎是无法逾越的障碍，阻挡他们前进的步伐，可能使人一蹶不振。但是只要你真正去努力了，你就会发现那个栏杆并没有想象中的那样高不可攀。而对于勇者而言，栏杆更是迈向成功的前进阶石，可以鼓舞人的斗志，壮大自身的实力。

人生感悟

不断制造或寻找栏杆并努力跨越栏杆，命运将会开启成功之门，人生的舞台也就越精彩。

存储关爱，收获快乐

关爱是一种崇高的美德，是一种无私的奉献，是一种不求回报的付出。关爱别人就是关爱自己。只有你曾经付出过关爱，别人才会在你需要帮助的时候回报你。我们应该尽自己微薄的力量去关爱他人，让他人在我们的帮助下得到人间的温暖，重拾生活的希望。

美国罗克曼公司的董事长哈桑·欧皮尔，已有79岁的高龄。他的妻子在10年前就去世了，哈桑念及与爱妻的一番情义，一直选择独居。哈桑的家产已高达200万美元，他有两个儿子，也都已成家立业，各自经营着一家公司。

不久前，哈桑·欧皮尔患上了感冒，发烧39℃。他住院时亲朋好友也不时去探望，但两个儿子和孙辈却没有一个人去看他。他对此非常生气，想起过世的妻子不禁涕泪交流。医院里有一位老护士密伦·凯南小姐，对他无微不至地关心，甚至下班后也照顾他。老哈桑感动万分，他对老护士说："亲爱的密伦·凯南小姐，你热情的护理使我不禁想起了自己的妻子，她在世时，就是这样关心我，我真舍不得离开你。请你原谅，我说的是真心的。"

密伦·凯南小姐长得不美，但她是个对工作非常尽责的护士，她不仅对哈桑先生如此，对其他病人也是如此。虽然她今年已经49岁了，却一直没有结婚，她把所有的心思都放在了事业上。

等哈桑病好后，又一次来到医院找密伦小姐，对她说："亲爱的，嫁给我吧，我感到只有你这样的贤妻，才能陪伴我。你嫌我老吗？"她轻声地说："我长得丑，配不上你。"哈桑忽地抱住了她，说道："亲爱的，你的脸虽不美，但心美，你是一个美人儿。"最后，密伦答应了哈桑的请求。

就这样，在哈桑出院的第二天，他们在教堂举行了结婚典礼，并请来数百个亲朋好友宴饮。舞会散后，哈桑先生和新娘准备进入洞房，不料此时，哈桑先生因高兴过度突发心脏病，于当晚去世。

哈桑先生的两个儿子，六个孙子、孙女，全都认为哈桑死得蹊跷，便向法院指控密伦，并不准密伦继承父亲的财产。

法院经过两天的调查，出示了哈桑在婚前递交法院公证的一份材料，上边写着："我知道自己朝不保夕。与密伦小姐结婚，就是为了将我的全部财产奉献给这位好心的老护士。密伦小姐是个纯洁的姑娘，她长得的确不美，可是她对事尽责，对人关心。我娶她，不是真的要占有她，而是以全部的财产报答这位好心人。"

这份公证材料，是哈桑征得密伦小姐同意结婚后的当天晚上，由他的管家直接递交公证部门的。因此，他财产的继承人应该是密伦小姐。而且哈桑还指定其财产不再给其他的亲属和子女。于是，密伦一夜之间成了一位丧了丈夫的百万富人。

关爱就是关心爱护他人，生活中的每个人都需要关爱，当别人给予我们关爱时，我们应该给予更多的回赠。真心的关爱他人，是不思回报的，是人格完善的最高境界。朋友，当你播下关爱、温情的种子时，它就会发芽、成长，你曾经帮助过的人、温暖过的人，最终也会令你受益无穷。

人生感悟

让我们用美丽的心灵，传递人间的真情，把关爱作为生活中的一部分，把关爱放到我们做的每一件事情中，成为我们思想道德中的一部分。用自己的真心关爱他人，用自己的诚心温暖社会，用自己的奉献美化环境，诚心诚意地、踏踏实实地做好身边的每一件小事。

君子之交在于心

俗话说："一个篱笆三个桩，一个好汉三个帮。"一个人生于世，是离不开朋友的，少不了朋友的支持。然而，交什么样的朋友，这就有一个选择了。

真正的朋友，相互尊重，却不相互吹捧；往来频繁，但不过分亲昵；往来不多，心也会相互照应。也就是说对待朋友，应该注重真挚的感情，注意心灵的默契和呼应，以及志同道合，而不应该只是注重表面上的亲近和热闹，即通常所说的"君子之交淡如水"。

社会的不断发展，人性的阴暗面也越来越多地暴露出来，朋友的价值也在不断地受到污染，朋友之间往往也会涉及利益关系。要想维持深厚的友谊，就要学会以心相交，以诚相待，这才是维持友谊长久的最基本条件。每个人心中都有一把尺子，如果你总是最大限度地索取和接受，不用多久，你就会成为孤家寡人了。

春秋时代，齐国著名的宰相管仲辅佐齐桓公，使齐国成为了东方的霸主。管仲有一个从小就在一起的好朋友，叫鲍叔牙。管仲和鲍叔牙早年合伙做生意，管仲总是出很少的本钱，而分红的时候却能拿到很多钱。对此，鲍叔牙总是毫不计较，他知道这是因为管仲的家庭负担重，而且鲍叔牙还经常问管仲钱是否够用。有好几次，管仲帮鲍叔牙出主意办事，反而把事情办砸了，鲍叔牙也不生气，反过来还安慰管仲说："事情办不成，不是因为你的主意不好，而是因为时机不好，你别介意。"

因此，有一些朋友就认为鲍叔牙太糊涂，吃了大亏了。这些朋友总是说："鲍叔牙真糊涂！跟管仲两个人合作做买卖，表面说是合作，其实本钱都是鲍叔牙的。赚了钱，管仲凭什么多分，至少也应该一人得一半啊！"而鲍叔牙却回答说："你们不明白，管仲的家境不好，他有老母亲要奉养，多拿一些是应该的。"鲍叔牙的这番话，说得几位朋友哑口无言。

后来，管仲曾三次做官，三次被罢免。鲍叔牙认为，这不是管仲没有才能，而是因为管仲没有碰到赏识他的人。有一次，管仲和鲍叔牙一同上战场。在打仗的时候，管仲总是躲在最后面，表现得一点都不勇敢，人们都对管仲很不满。鲍叔牙知道这件事之后，就对人们说："管仲不肯拼命的原因，是他的母亲年纪大了，只有管仲这么一个儿子，万一他有个三长两短，他的母亲就没人奉养了。"这一番话，又使那些人无话可说。

管仲由此感叹："生我者父母，知我者鲍叔牙。"可以说，正是鲍叔牙的理解和信任成就了管仲相齐的大业。

到了后来，鲍叔牙和管仲又分别做了齐国公子小白和公子纠的师傅。管仲为了自己所辅佐的公子纠能当上国君，曾箭射公子小白。然而，公子小白却在鲍叔牙的辅佐下当上了齐国的国君，即齐桓公。

齐桓公登位后，一方面重用鲍叔牙，欲立他为相；另一方面欲报管仲一箭之仇，杀死管仲。得知这一消息后，高风亮节的鲍叔牙却不愿接受相位。他深知管仲是一个奇才，只有管仲才能帮助齐桓公称霸天下。因此，鲍叔牙一次又一次竭力向齐桓公推荐管仲。

一天，鲍叔牙入宫见桓公，先向他表示慰问，后又向他庆贺。齐桓公甚为诧异，问他："你为了什么事向我慰问呢？"鲍叔牙说："子纠是大王的兄长，而您为国灭亲，实在是不得已，臣怎敢不来慰问？"齐桓公又问："那你又为什么要向我庆贺呢？"鲍叔牙说："大王兄长已故，而辅佐他的管仲又是一个天下奇才，由此大王可得一位贤相，臣怎么敢不向大王庆贺呢？"

一提起管仲，齐桓公便想起了一箭之仇，被气得咬牙切齿，再也按捺不住心头的怒火。等鲍叔牙刚一说完，便气汹汹地说："夷吾射中我的带钩，差点要我性命，他的箭至今我还留着。因此事，食其肉，寝其皮也不足解我心头之恨，难道还要我再重用他吗？"

鲍叔牙说："做人臣的各为其主。夷吾射带钩的时候，知道有子纠不知道有您。您如果任用他，他便可以再为您射得天下，这岂能只是一人的带钩呢？"但是，齐桓公的怒气并没因此而消退，看了看鲍叔牙，说："看在你的面子上，我可赦免他的罪，不杀他。但我并不想起用他，你就不要再说了。"无奈，鲍叔牙只好退了出来。

之后，鲍叔牙只好将管仲接到家里，朝夕谈论，伺机再荐。

有一日，齐桓公论立君之功，高国世卿都加封了采邑。他想授鲍叔牙为上卿，任用他来处理国政大事。鲍叔牙说："您对我施加恩惠，使我不受冻挨饿，我知道这都是您赐予的。至于说治理国家这样的大事，就不是臣所能胜任的了。"桓公说："寡人了解你，你不要推辞。"

鲍叔牙说："您所说的'了解'，只是知臣做事小心慎重，循礼守法而已。这些只是一个平庸臣子的德性，不是治理国家的大才。那些治理国家的大才，能内安百姓，外抚四夷；有大功于王室，布恩泽于诸侯；国有泰山之安，君享无穷之福；功垂金石，名播千秋。这是有王佐之才的人才能担当的大任，臣怎么够得上呢？"

齐桓公听后，兴趣大增，促膝向前，问道："像你说的那种人，当今还有没有？"鲍叔牙说："有，但如果您不需要这样的人，就不说了；一定要用的话，难道不是管夷吾吗？"齐桓公听后，默然不语。鲍叔牙又说："臣有五点不如夷吾。"齐桓公抬起头看着鲍叔牙。叔牙接着说："对民宽缓，施恩于民，使其安定，臣不如他，这是其一；治理国家不丧失根本，臣不如他，这是其二；用忠和信使百姓凝聚，臣不如他，这是其三；制定礼仪制度，使四方之人效法，臣不如他，这是其四；拿起鼓槌，站在军门擂鼓，使百姓增加斗志，奋勇向前，臣不如他，这是其五。"

齐桓公听后，停了一会儿，说："卿可与他一起来，寡人要考察一下他的才学。"

鲍叔牙说："对于非常之人，一定要用非常礼节来对待。您应当选择吉日亲自到郊外去迎接他。若天下人听说您能尊敬并礼遇有才能的人，不计私仇，还有谁不愿意到齐国为您效力呢？"齐桓公点了点头，说："寡人听你的。"于是，让太卜择好吉日，准备去郊外迎接管仲。

这一天，鲍叔牙先将管仲送到了郊外的公馆里，三次沐浴，三次用香水涂身，所有衣帽袍笏，完全和上大夫一样。百姓们听说国君去迎一位贤人，也都纷纷出来观看。但是，当人们见到同齐桓公并排而坐的是箭射齐桓公的管仲时，个个都惊讶得半晌合不拢嘴。

经过一番考察，齐桓公发现管仲为其陈霸业之策，字字投机，确实是一个难得的天下奇才。于是齐桓公让人准备好牛、羊、猪三牲大礼，贡于太庙，然后问管仲一起来到这里。齐桓公对着祖先神位，郑重地说："自从我听了先生的教诲，更加耳聪目明了，不敢独占其位，愿把先生荐举给祖先。"经过这样一个庄严的仪式之后，齐桓公任命管仲为相国，并把国都一年的市租赐给管仲，并尊他为仲父。他对大臣们说："国家大事，先告诉仲父，再告诉我。有要办的事，全部让仲父决断。"而后又诏告国人，不论地位高低，不许触犯"夷吾"之名，一律都称他的字——"仲"。

管仲以自己的杰出才华，终于使齐桓公成为了春秋五霸之一。然而，人们在赞美管仲才华之时，从未忘记过鲍叔牙。正是由于鲍叔牙的高风亮节，竭力推荐，管仲才免于一死，成就了一番大业。

管鲍之交，即是如此。我们与人交往为什么不能多些体谅呢？古交如真金百炼而后不改其色，今交如暴流盈涸而不保朝夕。所以说"君子之交在于心"，这句话在今天仍具有很强的借鉴意义。

人生感悟

真正的友谊不是表面上的公平和互利，也是不需要花言巧语和金钱来装饰的。真正的友谊在某种程度上是一种关心，一种理解，一种不遗余力的支持，一种最大限度的谅解。

学会制怒

一个人表达能力的强与弱，会直接影响他在别人心目中是否可以留下"沉稳、可信赖"的形象。同时，这也取决于他能否驾驭自己的情绪。

失控的情绪不仅会使自己的表达能力失控，而且也会为他人和社会带来危害和灾难。情绪有本能的特点，作为一个社会的人，在表达自己的观点与看法时，不可能仅仅听任情绪的本能冲动。

著名精神分析学专家S·弗洛伊德经过研究认为，人格是由本我、自我、超我三个部分组成。本我是指与生俱来的各种本能，是一种无约束的本能冲动，也是无意识的核心和一切精神能量的库房与源泉，它的表现和释放通常是遵循快乐原则，满足本能的需求；自我的主要任务是协调或调节本我与超我之间的关系，调和本我与外部世界的关系，它不希望本我为所欲为，但又常常被本我钳制着，自我的特点是思维的客观性和逻辑性；超我是指个人所处环境的社会和文化规范，亦即良心、道德心、自我典范、社会和文化的价值标准，其对自我发挥着法官的作用，对自我和本我进行稽查。

弗洛伊德的这种理论假设很有意义。这三者之间的关系用一个形象的比喻就是：本我像是一匹烈马，自我是驾驭烈马的主人，超我是驾驭的方向和标准。只有三者和谐统一，才能达到人格的和谐与完美。因此，情绪的本能性必须受到有效的控制，否则，它将把自我带向毁灭。对本能情绪的有效控制，实际上就是战胜本我的胜利。

一般情况下，人很难控制自己的喜、怒、哀、乐等七情六欲。在法庭上，一些犯人对于对方律师的质问通常会以"我不记得了"或"我不知道"来回答。所以聪明的律师就会用尽各种可能的办法来套取证人的供词。有时他会故意羞辱证人，激怒证人。一旦证人上了钩，被律师的话刺激得怒不可遏，往往就会失去自制，说出他在冷静的情况下不会说出的证词。

米开朗琪罗曾说："被约束的力才是美的。"对于情绪来说也是如此，一个人的情绪如果不能得到有效的调控，那么，人就有可能成为情绪的奴隶，成为情绪的牺牲品，说出一些不合时宜的话，甚至激怒别人。

人是被情绪激活的动物。不同的情绪状态，将导致不同的表达成效。比如，有些人过分紧张，往往产生回忆阻滞、记忆错乱、思维迟钝等现象，与人交流时大失水准；有的人在遭遇强敌时，也常会因心情紧张而频繁说错，迅速败阵。又比如，当心情处于轻松愉快、积极乐观时，人的表达能力和说服成效都会大有提高；当情绪，如焦虑、愤怒或恐惧处于恰当的程度时，人能够激发潜能，清楚地阐述平时看来十分棘手的话题，克服平日看来不可想象的困难。情绪激活水平不能过低也不能过高，过低使得有机体死气沉沉、了无生气，过高又会产生亢奋紧张，物极必反。

因此，一个人的情商高低，主要表现在对情绪控制的成败方面。对于情绪的控制，主要集中在两方面：一是控制冲动；二是调节情绪状态，以此调制平和心情，营造平稳愉快的心境。

所谓冲动，是指情绪的"烈马"脱离了理智的缰绳，完全受本能的驱动和控制。

由于情绪冲动而造成的人际关系紧张、生活和事业的挫败现象在生活中比比皆是。在冲动性的情绪中以愤怒最为有害。情商研究认为，控制冲动主要是控制人的愤怒情绪，不要做愤怒情绪的奴隶和牺牲品。对愤怒情绪的控制水平，标志着一个人的品行水准。一个人如果容易发脾气，乱说话，那是对自己和他人的双重伤害。

事实上，愤怒是指某人事与愿违时所作出的一种惰性情绪反应，他的心理潜意识是期望世界上的一切事都要与自己的意愿相吻合，当事与愿违时便会怒不可遏。这当然是痴人说梦式的一相情愿。其实，一个人便是一个世界，他有权决定他的说话和行动方式。所以，在与人交流时，最难战胜的是自己，控制情绪，驾驭情绪，是很重要的一件事。你不必"喜怒不形于色"，让人觉得你阴沉不可捉摸，但情绪的表现绝不可过度。

一个人表达观点的最大障碍不是来自于外界，而是自身，是自制力的问题。一个成功的人，其自制力表现在：大家都说但情理上不能说的事，他克制而不去说；大家都不说但情理上应说的事，他强制自己去说。

一个明智的人如果能恰当地驾驭好他的情绪"烈马"，并以最佳的方式表达出来，那么他将在别人心目中留下"沉稳、可信赖"的形象。虽然他不一定因此获得重用，或者在事业上有立竿见影的效果，但总比不能控制自己情绪的人要好得多。

有时候人们会以极端的方式表现出负面的生气情绪，从而达到想要造成破坏，伤害别人，以惩罚别人的目的。例如父母经常会殴打小孩，让小孩感觉到身体的疼痛，以补偿大人心理的痛苦，他们同时也想要强迫小孩能对他们的权威和控制有立即而明显的反应，改变不当的行为。

然而，殴打小孩会造成孩子身体的痛苦和心理的怨恨，尤其是如果父母只是为了发泄自己的生气和挫败感，而不是为了使小孩受教育时。随着小孩渐渐长大，父母可能必须改用其他方式控制他们的小孩。

同样的，人们极端的宣泄行为通常只会增加双方的紧张和彼此的憎恨，把更大的反作用力加到自己身上。

无论做任何事情都不能走极端。即使你再生气，再仇恨，也要有限度。

一个人的坏情绪是可怕的，如果一个人长期生活在生气的沼泽中，会更加可怕。

生活中常常会不可避免地遇到这样的事情：有人兴冲冲地赴恋人的约会却在路上交通阻塞；公共汽车上别人不小心踩了自己一脚；买东西时，服务员对人极不礼貌。这时，人往往会不由自主地感到愤怒。

应该知道的是，愤怒同其他情感一样，是思维在感情中的激发，是人们在事与愿违时所做出的情绪性反应，是一种失去控制的情感状态。愤怒并不能帮助人解决任何问题。相反，无论在人际交往还是在自我身心健康上都会给人带来不良的影响。从心理学上讲，愤怒可以使人情绪消沉，可以阻碍人们之间的情感交流；从生理学来讲，愤怒则可以导致高血压等疾病的产生。也许有人会认为这是危言耸听，愤怒只不过是人的一种天性，至少发火比一个人独自生闷气有助于身心健康，但值得注意的是，并不是除了愤怒和生闷气，别无他法。对于我们来说，应该采取更好的方法——不动怒，用理解和幽默的方式使自己的心理达到平衡状态。

生活的规律是，客观事物总是不以人们的意志为转移的。无论自己的愿望怎么好，想法如何正确，在大多数情况下，都必须按客观实际情况来办事。可以不喜欢一个人，但这个人并不因为你不喜欢而不存在，也可以对一些事情存有异议，但它们也不会因为存在的异议而消失。愤怒只会遮蔽了人的视线，让人产生偏见。

有了满腔怒火怎么办呢？

首先，尽量推迟发怒的时间。如果自己在某一具体情况下总是动怒，那么先推迟15秒钟，下次推迟30秒钟再发火。不断延缓动怒时间，以致完全消除怒气。

不要欺骗自己喜欢令人讨厌的东西。其实完全可以讨厌某件事，但大可不必为此发火，请信赖的人帮助自己，让他们每当看到自己动怒时，便提醒自己，但绝不要依赖别人的帮助。

其次，不妨写一份"动怒日记"，记下自己动怒的时间、地点和对象、原因。强制自己诚实地记录所有的动怒行为。这样很快就会发现，若是经常生气，光是要记录这件麻烦事就可迫使自己少生气了。

当大发脾气后，不妨大声宣布说自己错了，这一声明迫使自己对自己的言行负责，对改正动怒是一种压力。

在即将发怒前，及时地转移自己的注意力，找一件轻松而有意义的事做一做、想一想。

在生气时，试着靠近所喜欢的朋友。缓和自己怒气的一个方法是握手，尽管自己当时不愿意，但还是握手，暗示自己不要生气，怒气会逐渐消散。

不生气时，去和经常使自己生气的人谈谈。彼此听听对方最容易发怒的事，想一个沟通感情的方式，不要生气。也许约定写张纸条，或做个缓和情绪的散步，这样自己便不必继续用毫无意义的怒气来彼此虐待。经过几次缓和情绪的心态调整之后，肯定会发现发怒是件多愚蠢的事情。

在最初的几秒钟，说出自己的感觉以及自己以为对方如何感觉。最初的十秒钟是最为关键的，一旦过了，怒气常常烟消云散。

美国南北战争时，陆军部长斯坦顿来到林肯的办公室，气呼呼地说，一位少将用侮辱的话指责他偏袒一些人。林肯建议斯坦顿写一封言辞尖刻的信回敬那家伙。

"可以狠狠地骂他一顿。"林肯说。

斯坦顿立刻写了一封措辞激烈的信，然后拿给林肯看。

"对了，对了。"林肯高声叫好，"要的就是这个！好好教训他一顿，你真写绝了,斯坦顿。"

但是当斯坦顿念完把信叠好准备装进信封里时,林肯却叫住他,问道:"你要干什么?"

"寄出去呀。"斯坦顿有些莫名其妙了。

"不要胡闹。"林肯大声说,"这封信不能发,请把它扔到炉子里去。凡是生气时写的信,我都是这么处理的。这封信写得好,写的时候你已经解了气,现在感觉好多了吧,那么就请你把它烧掉,再写第二封信吧。"

美国钞票公司的总经理胡德赫尔在他年轻时,屈居低位,抑郁无聊,公司中的上级职员对他更是视若无人,不加赏识。他自恨升迁太慢,胡德赫尔在这时,愤懑得不可抑制,几至愤而辞职,但在他提出辞职以前,他取出笔来,尽情为公司中的上级职员写下评语,他觉得蓝墨水不能宣泄胸中的积郁,所以又改用红墨水来写,评语写得淋漓尽致,词无遁影,真好像是须眉毕现,然后收拾纸笔,去告诉他的一位老朋友。他的老朋友也是一个妙人,他叫胡德赫尔别以墨水写出这些人的才能和缺陷,而先拟订一个自己发展的十年计划,胡德赫尔照着做了。这时候,他不但胸中的积怨全消,而且也恢复了他冷静的头脑,不再存辞职的念头,照常工作,终于获得成功。

胡德赫尔后来曾说:"自此以后,我一有烦不可耐的时候,便如法炮制,复演一回,一经事毕,心神也就随之平静,但我所写的纸片从不示人,自己收藏起来,积久以后,别人都称誉我有自制的能力,所以凡有为的青年,都应学此方法,以修身养德。"

人生感悟

如果我们现在正处于资浅位卑的时候,也未免会有郁郁不得志之感,便如徒然愤愤于色,进而更玩忽职守,这样不但遭人嫌恶,而且也是在事业上自掘坟墓,不妨照胡德赫尔的办法,用客观的态度,加以自我反省,日后便不会为情绪所误了。

感恩地活着,才会幸福快乐

相传在一个寺庙里,住持给寺院立了这样一个规矩:每年年底,寺庙里的和尚都要对住持说两个字。

第一年年底，住持问新和尚最想说的是什么，新和尚说："床硬。"

第二年年底，住持又问新和尚最想说什么，新和尚说："食劣。"

到了第三年年底，新和尚没等住持提问，自己就说："告辞。"

住持望着新和尚离去的背影自言自语地说："心中有魔，难成正果，可惜！可惜！"

住持之所以这样说，是因为那个新和尚不知感恩。

我们再来看一个关于罗斯福的故事。

一次，美国前总统罗斯福家失盗，被偷去了许多东西，一位朋友闻讯后，忙写信安慰他，劝他不必太在意。罗斯福给朋友写了一封回信："亲爱的朋友，谢谢你来信安慰我，我现在很平安。感谢上帝：因为第一，贼偷去的是我的东西，而没有伤害我的生命；第二，贼只偷去我部分东西，而不是全部；第三，最值得庆幸的是，做贼的是他，而不是我。"对任何一个人来说，失盗绝对是不幸的事，而罗斯福却找出了感恩的三条理由。

在现实生活中，我们经常可以见到一些不停埋怨的人，"真不幸，今天的天气怎么这样不好"、"今天真倒霉，碰见一个乞丐"、"真惨啊，丢了钱包，自行车又坏了"、"唉，股票又被套上了"……世界对他们来说，永远没有快乐的事情，高兴的事被抛在了脑后，不顺心的事却总挂在嘴边。每时每刻，他们都有许多不开心的事，把自己搞得很烦躁，把别人搞得很不安。

其实，所抱怨的事并不是什么大不了的事，在日常生活中是经常发生的一些小事情。但是，明智的人一笑置之，因为有些事情是不可避免的，有些事是无力改变的，有些事情是无法预测的。能补救的则需尽力去挽回，无法转变的只能坦然受之，最重要的是要做好目前应该做的事情。

有些人把太多事情视为理所当然，因此心中毫无感恩之念。既然是当然的，何必感恩？一切都是如此，他们应该有权利得到的。其实正是因为有这样的心态，这些人才会过的一点也不快乐。

世上再没有比活着更值得庆幸的。明白了这个道理，人生才会充满感恩，才会充满欢乐。其实，活着就值得庆幸，就应该感恩。

一天，一位乡下汉子在过桥时不慎连人带小四轮拖拉机一头栽进一丈多深的河中。谁知，眨眼工夫，这位汉子像游泳时扎了一个猛子般从水里冒了出来，围观的人将他拉了上来。上岸后那汉子竟没有半丝悲哀，却哈哈大笑起来。

人们惊奇，以为他吓疯了。有人好奇地问他："笑啥？"

"笑啥？"汉子停住笑反问，"我还活着——连皮毛都没伤着，不值得笑？"

我们要满怀感恩。

感恩父母，是他们给了我们生命，这是一个奇迹，是他们呵护着生命成长成枝繁叶茂的大树，父母的牵挂与叮咛挂满了这棵大树的枝头。

亲人的关爱、友人的牵挂、恩师的教诲，这都是你感恩这个世界的理由。感恩的心容易感动，感动的心充满感激，感激的心快乐无穷。

当你被恶人欺负的时候，那个为你挺身而出的人；当你被众人围观，那个主动为你解围的人；当你消沉空虚，那个陪你聊天给你鼓励的人；还有公共汽车上与你素不相识的却给你让座的人……不幸时亲朋好友纷纷涌来嘘寒问暖，工作失误时上司不是对你粗暴专横的指责，而是耐心开导，婉言相劝。生活中别人给予你的点点滴滴，你都应该铭记在心里，适时回报别人，感恩别人。即使是那些给予你苦难和挫折的人，你依然要心存感恩，而不是怨恨。因为正是他们的馈赠，才丰富了你的人生阅历，让你成熟，让你增加智慧。

人生感悟

学会感恩，你就不会因为所谓的不公而怨天尤人，斤斤计较；学会感恩，你就不会一味地索取，一味地膨胀自己的欲念。人生苦短，生命有限，我们应该多采撷生活的美果放于幸福的篮中，使生活甜蜜、快乐、幸福。

第二篇

以平常心看得失

心态平和心无忧

生活中所有的烦恼，都来源于人们内心的躁动。内心躁动的人遇事不冷静，且没有耐心，只会把事情越弄越糟；心态平和的人心胸宽阔，不会为了小事而斤斤计较，在面对困难时能保持冷静的头脑，从而发挥理性思维，阻止事态的恶性发展。

清廷派驻台湾的总督刘传铭，是建设台湾的大功臣，台湾的第一条铁路便是他督促修建的。而当初任用刘传铭，这其中还有一个发人深省的小故事：

当李鸿章将刘传铭推荐给曾国藩时，还一起推荐了另外两个书生。曾国藩为了测验他们三人中谁的品格最好，便故意约他们在某个时间到曾府去面谈。可是，到了约定的时刻，曾国藩却故意不露面，让他们在客厅中等候，自己在暗中仔细观察他们的态度。只见其他两位都显得很不耐烦，不停地抱怨；只有刘传铭一个人安安静静、心平气和地欣赏墙上的字画。

后来，曾国藩考问他们客厅中的字画，只有刘传铭一人答得出来。结果，刘传铭被推荐为台湾总督。

生活中的烦恼，大多来自于一些微小的事情，这跟我们的心态是分不开的。如果我们无法改变自己的心态，就会感到困惑、茫然和费解。于是就会身心俱疲，苦恼不堪！其实，很多的烦恼用不着煞费苦心去改变它，那是费力不讨好的愚笨方法。真正的智者，是学会调适自己的心态，使自己能够用平和的心态去对待他人。这样，那些所谓的烦恼，也就会烟消云散。

一天，在某外企工作的大林与妻子吵了架。妻子一气之下独自转身进了卧室，并将房门从里面反锁上。

大林想回卧室却打不开门，便"砰砰砰"地敲门。

妻子在里边故意高声喝问："谁？"

大林回答："快给我开门！"

妻子在里面更生气了，既不开门，也不说话，只是用沉默来抗议他。

大林见保姆正注视着自己，不觉脸上一红，改用轻轻地敲门。

里边问："谁？"

"我。"大林回答。

里边依然没有动静。

大林无奈，只得再次举手敲门。

里边问："谁？"

大林温柔地对里面说："你亲爱的丈夫。"

这回，门马上开了。

其实，夫妻之间的吵架本来是生活中极为平常的事，但许多夫妻在吵完架后，却不知道用平和的态度去化解分歧，握手言和。久而久之，便会产生更多误会，更多烦恼，甚至走向决裂的地步。夫妻之间吵架，不论谁对谁错，吵完之后，只要我们能用平和的心态面对一切，烦恼与不快便会烟消云散。如果我们执意坚持自己的观点，用近乎狂傲的态度去对待对方，那么收获的烦恼肯定多于快乐。

人生感悟

烦恼是一种心绪，它无处不在，无处不侵；烦恼是一杯苦酒，它伤害灵魂，伤害身体。但是，只要你心态平和，烦恼便无处立足。

莫将名利记心头

人世间，总是交织着众多的名利、是非，搅得身陷其中的我们，整日为之所累，为金钱得失所烦。殊不知，所谓的名利是非、金钱得失均不过是人生浮云，转眼即逝。

虽然世人都知道名利只是身外之物，但却很少有人能够躲过名利的陷阱，一生都在为名利所劳累、甚至为名利而生存。一个人如果不能淡泊名利，就无法保持心灵的纯真。终生犹如夸父追日般看着光芒四射的朝阳，却永远追寻不到，到头来只能得到疲累与无尽的烦恼。其实静心观察这个物质世界，即使不去刻意追赶，阳光也仍旧会照耀在我们身上。

著名的大科学家爱因斯坦和居里夫人，对大多数人所积极追求的名声、富贵、奢华都看得非常轻淡，也因此留下了不少佳话。

尽管是国际知名的大科学家，爱因斯坦却说，除了科学之外，没有哪

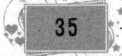

一件事物可以使他过分喜爱，而且他也不过分讨厌哪一件事物。据说在一次旅行中，某艘船的船长为了优待爱因斯坦，特意让出全船最精美的房间等候他。爱因斯坦竟然严辞拒绝了。他表示自己与他人并无差异，所以不愿意接受这种特别优待。这种虚怀若谷、坦然率真的人品，成为许多人诚心敬佩的对象。

居里夫妇在发现镭之后，世界各地纷纷来信希望了解提炼的方法。居里先生平静地说："我们必须在两种决定中选择一种。一种是毫无保留地说明我们的研究成果，包括提炼方法在内。"居里夫人作了一个赞成的手势说："是，当然如此。"居里先生继续说："第二个选择是我们以镭的所有者和发明者自居，但是我们必须先取得提炼铀沥青矿技术的专利执照，并且确定我们在世界各地造镭业上应有的权利。"取得专利代表着他们能因此获得巨额的金钱、舒适的生活，还可以传给子女一大笔遗产。但是居里夫人听后却坚定地说："我们不能这么做。如果这样做了，就违背了我们原来从事科学研究的初衷。"她轻而易举地放弃了这份唾手可得的名利，如此淡泊名利的人生态度，使人们能感受到她不平凡的气度。居里夫人一生获得各种奖章16枚，各种荣誉头衔117个，自己却丝毫不在意。

有一天，她的一位女性朋友来她家做客，忽然看见她的小女儿正在玩弄英国皇家学会刚刚奖给她的一枚金质奖章，不禁大吃一惊，连忙问她："居里夫人，那枚奖章是你极高的荣誉，你怎么能给孩子拿去玩呢？"居里夫人笑了笑说："我是想让孩子从小就知道，荣誉就像玩具一样，只能玩玩而已，决不能永远守着它，否则就将一事无成。"

两位科学家的非凡气度为拼命追求名利的世人留下了一面明亮的镜子。如果一个人拥有一颗纯真的心灵，在自己应该做的事情之中尽了全力，他的成就自然而然就会显现出来，他理所当然的可以得到应该得到的荣耀。淡泊名利、无求而自得才是一个人走向成功的起点。

人生感悟

促使人追求进取的是金钱名利，阻碍人向前迈进的也是金钱名利，使人坠入万丈深渊的还是金钱名利。所以，人生在世，千万不要把金钱名利看得太重，这样方能超然物外，活得轻松快乐。

变换思维悟真谛

当今社会，是一个充满了竞争的社会。竞争无处不在，残酷激烈。面对竞争，我们要有足够的坚强来接受失败的打击和考验。但有些失败的原因不是来自对手，而是来自我们传统的思维以及自以为是的经验。这时，我们如果变换一下思维，运用一下大脑发挥我们的智慧，就容易取得最佳效果。

变换思维的角度是解决问题的一种有效策略。在解决实际问题的过程中，当常规的思路陷入困境时，如果能及时变换思维的角度，往往能产生意想不到的效果。

有个教徒在教堂祈祷时想吸烟，他问在场的神父："祈祷时可以抽烟吗？"

神父冷冷地扫了他一眼："不行！"

这时另一个教徒也想吸烟，他便换了一种方式问神父："在抽烟时可不可以做祈祷？"

神父想了想回答说："当然可以"。

同样是抽烟加祈祷，用要求祈祷时抽烟的方式表达，就似乎意味着对神的不尊重；而用抽烟时可不可以祈祷的方式表达，则可以表示在休闲、抽烟时都在想着神的恩典，神父当然就没有理由反对了。

可见，用颠倒过来的智慧，从相反的角度去考虑你所要解决的问题，也许就会得到你想要的结果。

当然，世界上的事情是不断变化的，光靠相反的角度有时也得不到连续性的效果，而是要把一个问题折几个来回，调几个角度方能显出变换思维而取得的最佳效益。

考比尔·琼斯是美国20世纪50年代最著名的出版商。当时，受美国经济危机的影响，出版业也非常萧条，琼斯出版的一大批图书久久不能销出，成批的图书积压在库房里，琼斯心急如焚。后来，他想出了一个绝妙的销书办法。他首先想方设法地与总统周围的人拉上关系，有了面见总统的机会。

第一次见面，他就把一本积压最多的书送给了总统，然后就三番五次

地委托总统身边的人向总统征求对这本书的意见。被政务压得已不堪重负的总统根本就没闲心看这本书，但碍于面子，就在这本书的扉页上写了两个字："不错"。

琼斯得到这册书后立即大做广告，其中有一句是："这是总统最喜欢的书！"于是这些书被抢购一空。

不久，总统又收到了琼斯送来征求意见的书，上次的事情总统也有耳闻，他自己也觉得是上当了，于是这次他想戏弄琼斯一下，就在书的扉页上写道："糟透了！"

不料琼斯拿到书后又在广告上大做文章，其中有一句是："这是总统最讨厌的书！"这立即就吊起了好奇心极强的美国人的胃口，书加印了几次还供不应求，琼斯也因此实实在在地赚了一大笔钱。

当琼斯第三次将他的书送给总统时，总统吸取了前两次的教训，干脆把书甩到一边，不做任何答复。但过了一段时间，琼斯又做起了广告："这本书总统已经阅读了两个月，但没有发表任何意见，这是总统最难下结论的书。"

于是，市场上又出现了抢购潮，连总统听说此事也哭笑不得，无可奈何。

《伊索寓言》里还有一个小故事：

一个暴风雨的日子，有一个穷人到富人家讨饭。

"滚开，"仆人说，"不要来打搅我们。"

穷人说："只要让我进去，在你们的火炉上烤干衣服就行了。"仆人以为这不需要花费什么，就让他进去了。

这个可怜人，这时请求厨娘给他一个小锅，以便他煮点石头汤喝。

"石头汤？"厨娘说，"我想看看你怎样能用石头做成汤。"她就答应了。穷人于是到路上拣了块石头洗净后放在锅里煮。

"可是，你总得放点盐吧。"厨娘说，她给他一些盐，后来又给了豌豆、薄荷、香菜。最后，又把能够收拾到的碎肉末都放在汤里。

当然，这个可怜人后来把石头捞出来扔回路上，美美地喝了一锅肉汤。试想，如果这个穷人对仆人说："行行好吧！请给我一锅肉汤。"会得到什么结果呢？

人生感悟

世界上的万事万物，都是处于千变万化的状态。如果不善于变通，很有可能使自己陷入"四面楚歌"的绝境；如果善于变通，则可以化逆境为顺境，变不利为有利。

看透功名利禄，内心才能平静

苏轼有一首词叫《记承天寺夜游》，其中的闲情雅致给后人留下了很多精神启迪。苏轼一生在名利场中生活，却没有沉溺于名利之中，与当时挖空心思谋取高升的文人形成了鲜明的对比。

功名利禄只是役心之物，不可强求。《红楼梦》中空空道人有首《好了歌》写得很好，其中有："世人都晓神仙好，唯有功名忘不了，古来将相在何方，一堆荒冢草没了；世人都晓神仙好，唯有金银忘不了，生前只恨聚无多，待到多时眼闭了。"这两句写得甚是精辟，将功名利禄一语道破——饿了它不能充饥，冷了它不可御寒，它只会助长内心的欲望，吞噬人纯洁的性情。

古往今来，多少人因为它，迷失自我，到头来身败名裂；多少人因为它，丧心病狂，最终落个"人见人弃"。倒不如留得一份悠闲，任心灵在思想的河流里随意去留。

启功是满清皇室贵胄，也是当代著名学者、书画家和文物鉴定家，他却从不以血统自炫，坚决放弃"爱新觉罗"这个帝王家姓，以平民自居："本人姓启名功字元白，不吃祖宗饭，不当'八旗子弟'，靠自己的本领谋生。"

启功出世时正值民国诞生，当时皇族的势力已经成了过眼云烟。启功早年丧父，备尝艰辛，只受过中学教育，如果不是史学家、辅仁大学校长陈垣鼎力提携，他根本不可能登上大学的讲坛，成就一生的学业。

启功非常热衷于慈善事业，曾花了一年时间写字作画，义卖所得全部巨款，加上仅有的数万存款，全都捐献给北师大，设立奖学助学基金，却执意拒绝以自己的名义命名，而是坚持以老校长陈垣"励耘书屋"中的

"励耘"二字命名。对陈垣的知遇之恩，他始终念念不忘。

在66岁那年，启功为自己作了墓志铭：

"中学生，副教授。博不精，专不透。名虽扬，实不够。高不成，低不就。瘫趋左，派曾右。面微圆，皮欠厚。妻已亡，并无后。丧犹新，病照旧。六十六，非不寿。八宝山，渐相凑。计平生，谥曰陋。身与名，一齐臭。"

启功的人生非常坎坷，经历过右派，遭遇过"文革"和丧妻之痛，但他都一一承受，最终彻悟人生，做到了不以物喜、不以己悲，做到了宠辱不惊。

人们喜欢尊称他为"博导"，他的回答是："一拨就倒、一驳就倒，我是'拨倒'，不拨'自倒'矣！"

后来中央文史研究馆任命他为馆长，有人道贺说他荣升"部级"，他却自嘲："不急，我不急，真不急！"

人生感悟

功名利禄，是自古以来人们所争相追求的目标，总有人不择手段去追求。拥有淡泊名利的高尚品格，是许多常人做不到的。要想找到心灵的平静，只有超脱功名利禄的困扰才能做到。

平凡最难

人生在世，立志要出人头地的人特别多，可是，有的人老想着干大事，对小事不屑一顾。其实，生活中的每一件小事、每一次努力，都是成就未来的基础，都是通往成功的铺路石。如果连小事都干不好的人，又怎么能干大事呢？要知道平凡最难！立大志也要把一件件小事做好，要踏踏实实地做好那些卑微的小事。

罗伯特是著名的作家和艺术家，他在教育儿子方面所体现出的智慧值得我们思考。

一天，一场倾盆大雨使房檐中的天沟堵塞了，雨水顺着屋瓦直泻而下，将院子弄成了一片池塘。罗伯特让儿子搬来梯子去清理天沟，使水能从排水管流走。

"天沟里又臭又脏,还有马蜂,我可不去。"儿子动也不动,"再说上次清理的时候,我还被马蜂蜇过,请几个工人不就行了,偏让我去干这无用的活儿。"儿子抱怨道。

罗伯特像没听见似的,只是说了一句"你小心点"便走开了。

看到清理后的天沟,雨水畅通,流入下水管,再也没有溢出,罗伯特的儿子说:"原来想做好一件'无用'的事并不容易。"

后来罗伯特和儿子一起到菜园中去移植韭菜,罗伯特的儿子皱着鼻子,光是站在田埂上看,手插在裤兜里,不敢伸出来做事。

罗伯特问他:"你为什么不动手干活儿?"

儿子说:"我生来是念书的,这是农人干的活儿,我学了有什么用?"

罗伯特抓起一把泥,放进儿子手里,然后语重心长地说:"孩子,你每天吃的米饭、面包、水果,哪一样不是土里长出来的?就连人死了之后,也是化为泥土的呀。我们的衣、食、住、行哪一样不是以大地为根基?你要学会尊重土地!"

罗伯特摸了摸儿子的头,又说道:"每个人的福分都有一定限度,不能太娇惯,不要认为做的一些小事是无足轻重的,要知道,当有一天你在外面遇到这些问题时,娇生惯养的孩子都不知所措时,你却能轻松地处理它,那样该是多么地荣幸。不能做小事,又怎么能做大事呢?"

罗伯特的儿子听从了父亲的教训,在日常生活中对平凡小事也不放松对自己的要求和锻炼,3年后提前从高中毕业,进入美国著名学府——哈佛大学深造。

人生感悟

"不积跬步,无以至千里;不积小流,无以成江海",要想成功,就要从小事做起,从一点一滴做起,认认真真地做好每一件小事,才会成就大事业。

平凡并不等于平庸

人生在世,如白驹过隙,转眼即逝。既然来到了这个繁华的世界,谁也不想虚度此生。总想在回味往事的时候，心里还能够有一种"世界因我的存在而变得更美好"的骄傲。爱因斯坦也曾经说过："不要去尝试做一个成功的人，要尽力去做一个有价值的人。"只要给这个世界创造过价值，人生就具有了足够的"号召力"，就曾经制造了"与众不同"。

重庆陶然居餐饮集团曾赢得了"中国餐饮业年度十佳企业"称号，该集团的总经理严琦也被评为"全国三八红旗手十佳标兵"。

1994年，严琦完全不顾家人的反对，辞去稳定的工作，在重庆郊外的白市驿小镇开了家小饭馆，饭馆小到只能摆5张桌子。不过，馆子虽小，却有个响亮的名字——"陶然居"。

"刚开始学做生意，生意一直不温不火。"严琦操着浓重的重庆口音说，她思索着如何以特色服务吸引顾客。

一次偶然的机会，西南农学院一位教授培育出了人工养殖的生态田螺，这种生态田螺以新鲜蔬菜和野生草类为食，个头硕大，肉质饱满鲜嫩又无泥腥味。严琦得到这个信息后，就买了些田螺回来，与厨师反复烹调试验。"我和厨师一起试着把小田螺做成各种味道，泡椒的、过桥的、蘸水的，然后拿去给客人品尝，这样反反复复用了上千斤的田螺。"

最后，他们使用重庆辣子鸡的炒法，自创出了一道非常有地方特色的菜品——辣子田螺。

"当初创业时，每天只能睡两三个小时，所有的事情都必须亲力亲为，有时累得腰都直不起来，都有放弃的念头了。但我不能就这样半途而废，还没创业就被困难吓倒，那不成。我必须坚持下来，坚持就是胜利。"严琦说。

为了使这道创新菜成为一个卖点，严琦又亲自将辣子田螺免费送给高速公路上来往的过客吃。顾客的好评一传十，十传百，严琦的小店迅速由5张桌子扩展到了30多张桌子，再往后是60多张，辣子田螺很快走红。

现在，辣子田螺不仅成为陶然居的招牌菜，而且还为陶然居赢得了美誉。1998年，辣子田螺被有关部门评定为"中国名菜"，以此为主题制作的"陶然螺之宴"在第三后中国美食节上荣获中国餐饮界最高奖"金鼎奖"。辣子田螺成功之后，芋儿鸡、泡椒童子鱼等创新菜，在陶然居接二连三地被摆上餐桌。

2003年，严琦带着陶然居进驻京城。

严琦告诫员工，在向客人介绍酒水时，要坚持从低到高的原则，给客人提供充分的选择空间，要坚持提醒客人不要点菜过多，以免浪费。仅仅只用了三个月，陶然居就在北京打开了局面。

把一家当初只容得下5张桌子的餐馆发展成为大型餐饮集团，一位平凡的女性为此需要付出多少汗水？支持她走下去的又是什么呢？是一颗不屈服于平庸的心，是一颗执著于追求的心。不要瞧不起平凡，平凡也是一种动力，它可以推动我们的追求。

从严琦的身上，体现出了这样一句话：平凡并不等于平庸。平凡与平庸仅一字之差，却是两种不同的生活态度。生活中经常听到一些人说：平平淡淡才是真，仿佛看透世间万物一般，可我却说"不甘平庸"才是真。因为，平庸的人总是出现不思进取、精神粮食短缺的现象，平凡的人却有着不平凡的追求，他们能在平凡的岗位创造出不平凡的价值。

人们在构思如何构建自己的"金字塔"时，除去外界的一些客观因素的制约外，更大程度上取决于自己主观上的努力。当12岁的小爱迪生还在火车上卖报纸的时候，谁会想到他就是日后电灯的发明者。所以，我们有充分的理由说平凡者是不满足于现状的，他们勇于开拓创新，是时代发展的需要，也是时代发展的产物。

人生感悟

俗话说"三百六十行，行行出状元"。我们不必为自己身在平凡的岗位上而发愁，其实只要我们在这个岗位上干出成绩，那就是不平凡的。平凡中是能见伟大的。

可以有点阿Q精神

鲁迅笔下的"阿Q"是每个人都非常熟悉的一个角色，"阿Q精神胜利法"也常常为人们所津津乐道，但我们这里说的阿Q精神不是不求、进取傻乎乎的一面，而是豁达大度的一面。遇上不顺心的事总有理由为自己开脱，这样很好。人是情绪动物也是感情动物，受周围人与事的影响难免会产生或好或坏的心情，面对挫折只一味消沉下去而抱怨，只会让你看到前景更是灰蒙蒙的一片，何不换个阿Q的角度看看：因为我能，所以让我承受别人不能承受的压力。有了这种心态，自信心回来了，问题也就迎刃而解了。

李维斯是家喻户晓的"牛仔大王"，他的西部发迹史简直是一部传奇。

像许多年轻人一样，当年李维斯带着梦想前往西部追赶淘金热潮。一日，突然他发现有一条大河挡住了他西去的路。苦等数日，被阻隔的行人越来越多，但都无法过河。于是陆续有人向上游、下游绕道而行，也有人打道回府，更多的人则是怨声一片。而心情慢慢平静下来的李维斯想起了曾有人传授给他的一个"思考制胜"的法宝。于是他来到大河边，非常兴奋地不断重复着对自己说：大河居然挡住我的去路，真是太棒了，又给我一次成长的机会，凡事的发生必有其因果，必有助于我。果然，他真的有了一个绝妙的创业主意——摆渡。没有人吝啬一点小钱，大家都坐他的小船过河，迅速地，他人生的第一笔财富居然因大河挡道而获得。

摆渡生意在一段时间过后开始清淡下来。他决定放弃，并继续前往西部淘金。一来到西部，四处是人，他找到一块合适的空地方，买了工具便开始淘起金来。没过多久，有几个恶汉围住他，叫他滚开，别侵犯他们的地盘。他刚理论几句，那伙人便失去耐心，一顿拳打脚踢。无奈之下，他只好灰溜溜地离开。好容易找到另一处合适地方，没多久，同样的悲剧再次重演，他又被人轰了出来，还多次被欺侮。终于，最后一次被人打完之后，看着那些人扬长而去的背影，他又一次想起他的"制胜法宝"：太棒了，这样的事情竟然发生在我的身上，又给了我一次成长的机会，凡事的发生必有其因果，必有助于我。他真切地、兴奋地反复对自己说着。终于，他又想出了另一个绝妙的主意——卖水。

虽然西部黄金很多，但似乎自己没有与人争夺的能力；西部缺水，可似乎没什么人能想到它。

不久他卖水的生意便红红火火，慢慢地，也有人参与了他的新行业，再后来，同行的人已越来越多。终于有一天，在他旁边卖水的一个壮汉对他发出通牒："小个子，以后你别来卖水了，从明天开始，这儿卖水的地盘归我了。"他以为那人是在开玩笑，第二天依然来了，没想到那家伙立即走上来，不由分说，便对他一顿暴打，最后还将他的水车也一起拆烂。李维斯不得不再次无奈地接受现实。当这家伙扬长而去时，他没有让自己陷入沮丧，而是立即开始调整自己的心态，再次强行让自己兴奋起来，不断对自己说着：太棒了，这样的事情竟然发生在我的身上，又给我一次成长的机会，凡事的发生必有其因果，必有助于我。他开始调整自己注意的焦点。他发现前来西部淘金的人，衣服极易磨破，同时又发现西部到处都有废弃的帐篷，于是他又有了一个绝妙的好主意——把那些废弃的帐篷收集起来，洗干净。就这样，他缝成了世界上第一条牛仔裤！从此，他的生意越做越大，最终成为举世闻名的"牛仔大王"。

人生感悟

"这样的事情竟然发生在我的身上，又给了我一个成长的机会。"如果我们只是机械地说那句话，那就成了不折不扣的阿Q；如果我们把那句话作为我们走出沮丧的警句，转变面对失败时的心态，换个角度思考、行动，成功就会最终来到我们身边。

聪明人懂得把悲伤藏在微笑之后

天才女作家张爱玲曾说："善待自我，无论风沙将会如何肆虐，一阵夜雨之后，所有的树木都会叶绿，所有的桃花都会绽放……"可是生活中，总有人喜欢沉浸于悲伤之中不能自拔，这是不值得的。善待自己，体现在生活中的点点滴滴之中，这其中就包括把自己从痛苦中解脱出来，乐观地面对每一天。

伤心是每个人都会遇到的情绪，特别是在自己至亲至爱的人离开人世时，悲伤往往能将一个人击倒。但是，悲伤也像其他不良情绪一样，不能过度，因为适当的悲伤可以表示感情的深切，而过度的伤心却证明智慧的欠缺。

菲力先生去世时，他的妻子伤心不已，因为他们婚后感情一直很好，而且他们已经携手走过50多年了。菲力的女儿知道年迈的母亲心里非常难过，但她却想不出用什么办法来安慰母亲，于是她只好带着母亲去探视父亲的墓地。

到了墓地后，女儿心里很难过，可当她看到母亲一脸的伤感时，就把自己的悲伤掩盖了起来，用一种轻松的语气对母亲说："妈妈，爸爸下葬那天，罗杰夫提醒我，人们死后到了天堂，很有可能没办法和在人间一样，再和同一个人结婚，也就是说，他们的缘分尽了，没有办法再在一起。因为上帝不会再给他们机会相遇的。原来我也没有什么特别的感觉，可是这几天，却越想越悲哀，要是在天堂里，我不能再与罗杰夫在一起了，那么，天堂对我而言就是地狱了。"

菲力夫人凝视着墓碑上丈夫的遗像，然后转过头来看着女儿，语气温和地说："要是真没有办法，我会请求上帝允许我和你父亲在天堂同居，这样的请求上帝应该能够同意。"

说完，菲力夫人和女儿同时笑了起来。

"既然不能结婚，那就同居。"这本来是一句很好笑的话，但是，在该悲伤时，菲力夫人还能开口说出这样的黑色幽默，把她们悲伤的气氛一下驱赶了不少，而这对母女也很快从丧失亲人的伤痛中走了出来。

脱离悲伤情绪的影响并不表示这对母女不爱自己的亲人，相反，正是因为他们深切地怀念着、爱着，所以，他们的女儿相信："父亲也能接受母亲说的'黑色'笑话，说不定，他此刻也在天堂等着，要和妈妈同居呢！"

我们应该学习这对母女对待悲伤的态度，面对悲伤，我们总是习惯于把自己久久沉浸于其中而不能自拔，其实，这并不可取。试想一下，有谁愿意看着自己至亲至爱的人整天愁绪满怀、悲伤不已呢？

从悲伤中解脱出来吧，让自己快乐地度一天，相信这才是你的亲人最愿意看到的一幕——即使他已在天堂里。

人生感悟

环境本身并不能决定我们快乐与否，我们对周围环境的反应才能决定我们的感觉。因此，我们可以自己创造快乐，并把自己的不幸、悲伤掩藏起来，用微笑的面貌去生活。

天无绝人之路

著名作家罗曼·罗兰有句名言："以死来鄙薄自己、出卖自己、否定自己的信仰，甚至结束自己的生命，是世间最大的刑罚、最大的罪过。宁可受尽世间的痛苦和灾难，也千万不要走到这个地步。"其实，世间真正的绝路是很少的。人生的棋局，只有到死亡才算下完，如果一息尚存，就有挽回败局的可能。因此，那些对生活充满热爱的人，不管遇到多沉重的打击，都不会绝望。

19世纪法国杰出的作曲家白辽士，在青少年时期还只是个对音乐有兴趣的业余爱好者。有一次，他到巴黎奥德翁剧院观赏英国剧团演出的莎翁悲剧《罗密欧与朱丽叶》，深深地被扮演朱丽叶的史密斯所吸引。在散场后，白辽士马上向她求婚，却被对方断然拒绝。

白辽士因为遭到拒绝而感到深深的痛苦，他没有一蹶不振，反而把满腔的热情投入到音乐的创作和研究中，终于写出表达自己对爱情绝望、狂热和梦幻的《幻想交响曲》。

当这部交响曲在巴黎公演时，刚好史密斯小姐也在场聆听，她清楚地领悟到这是白辽士为她所写的，而音乐中流露出的真挚情感更是深深打动她的心，她不禁自责当初对他太冷漠了。

史密斯一直忙于演出，并没有结婚，当她对《幻想交响曲》表示由衷的赞扬后，白辽士再次向她表达热烈的爱慕之意，而她也接受了。

最后，这对有情人终成眷属。

如果当初因为拒婚而陷入悲伤、绝望之中，白辽士还会写出美妙的乐曲，成为伟大的作曲家吗？不会！他会获得史密斯的爱情吗？更不会！正是因为拒绝绝望，白辽士才成就了自己的事业，收获了美满的爱情。

但是，有很多人本来也有辉煌的人生，可因一时受挫而意志消沉，甚至对生命感到了绝望，过早地结束了自己的生命，这样的人是可悲的。

历史上的项羽就是其中的一个。

项羽在楚汉相争时战败退兵到垓下，想东渡乌江东山再起。

乌江亭长对他说："江东虽小，地方千里，十万人，足以称王，请大王急渡！今只有微臣有船，汉军将至，也无船渡江。"

闻听此言的项羽绝望了，说道："天之亡我。我渡江何用？况且我领江东子弟八千人渡江西征，却无一人生还。纵然江东父老怜悯我拥我为王，我又有何面目见他们？即使他们不说，我难道不有愧于心吗？"

就在这时汉军追到，项羽于是拔剑自刎而死。

一代霸王因为绝望而自刎于乌江边，一手造成了自己的悲剧。他的悲惨结局印证了小说家塞万提斯的一句名言："失去财产的人损失很大，失去

第二篇 ◆ 以平常心看得失

朋友的人损失更大，失去勇气的人损失一切。"在人生的旅途中遇到困难时，我们要做的最重要的事就是珍惜生命，永不绝望，要相信事情总会有出现转机的一天。

当生命面对痛苦、绝望和不幸的时候，你是像项羽一样绝望，还是像白辽士一样奋进呢？如果是后者，你一定也会有成功的人生。

人生感悟

中国有句古话，叫"置之死地而后生"；西方有一句格言，叫"绝望支持着我"。这两句经典的话，告诉我们一个相同的人生哲理：把希望留在心，把绝望超越在外，做生活的强者！

在绝境中发现快乐

我们不要忘记去品味人生的甘甜，不管我们正在遭受怎样的苦难。因为在所有这些痛苦中，没有什么痛苦能怪罪天意，没有什么痛苦不是出于人对自己才能的滥用。

《我的忏悔》是大文豪托尔斯泰的散文名篇，其中讲述了这样一个故事：

一个男人被一只老虎追赶而掉下悬崖，庆幸的是在跌落过程中他抓住了一棵生长在悬崖边的小灌木。

男人发现，此时他头顶上的那只老虎正盯着他，低头一看，悬崖底下还有一只老虎，更糟的是，两只老鼠正忙着啃咬悬挂着他生命的小灌木的根须。绝望中，男人突然发现附近生长着一簇野草莓，伸手可及。

于是，男人把草莓拽下来塞进嘴里，并自言自语说："多甜啊！"

当痛苦、绝望正向你逼近的时候，你能否像那个男人一样还能顾及享受一下野草莓？只有那些在绝境中仍能抓住一丝快乐的人，才能领悟人生快乐的真谛。其实，人免不了要遭受不幸和痛苦，痛苦对人也有其用处。人如果没有艰难和不幸，一切的需要都能满足，我们又会成为什么样子呢？所以，只要你怀着好的心态，在任何情况下，遭受的痛苦越深，随之而来的喜悦也就越大。

人生感悟

<u>一位哲学家曾说过："一个人，既要承受痛苦，也要享受生活，这才是生活的完美和有价值的人生。"</u>

放弃也是一种美丽

许多事情，总是在经历过以后才会懂得。一如感情，痛过了，才会懂得如何保护自己；傻过了，才会懂得适时地坚持与放弃，在得到与失去中我们慢慢地认识自己。其实，生活并不需要这么些无谓的执著。没有什么是真得不能割舍。学会放弃，才能生活得更从容。

三国时，吴国军事都督周瑜年轻有为，但心高气傲。诸葛亮促成东吴与刘备联合抗曹，其智谋处处超出周瑜，周瑜醋劲大发，几次想杀了诸葛亮，都没有成功。诸葛亮对周瑜则抓住其心理弱点，进行攻心夺气，演出了三气周瑜的妙手好戏。

周瑜与曹军作战，损失了很多兵马钱粮，眼看曹军占领的南郡城唾手可得时，却被诸葛亮坐山观虎斗，占了南郡。周瑜为得南郡自己身负箭伤，而后又带伤上阵，施假死计，让全军披麻戴孝，方才打败曹仁。付出如此心血代价换来的胜利，却被诸葛亮占了便宜，真是哑巴吃黄连——有苦说不出。因为他曾心高气傲地说过，如他取不下南郡，可以让刘备、诸葛亮去取。周瑜第一仗确实没取得南郡，还中了毒箭。这一下，周瑜被气得怒目圆睁，气恨交加，一气之下，箭疮复发，半响方苏。这就是诸葛亮一气周瑜。

周瑜看准刘备今后是与孙权争天下的对手，便生出一个美人计，让孙权把妹妹嫁给刘备，骗刘备来东吴成亲，想趁机擒杀。没想到，孙权的母亲真的喜欢刘备，使美人计弄假成真。而后诸葛亮授计给赵云，让刘备争取到新夫人的同情，一起逃回来。一路上他们全靠孙权的妹妹帮助，闯过一道道关口。周瑜先是派人追赶，后又亲自追赶，都被诸葛亮安排的计谋一一击破，最后还中了埋伏。周瑜大败，回到船上。诸葛亮又令军士齐声呐喊："周郎妙计安天下，赔了夫人又折兵。"气得周瑜眼看要好的箭疮再

第二篇 ◆ 以平常心看得失

49

度进发，倒于船上，不省人事。这就是诸葛亮二气周瑜。

刘备经鲁肃作保，借得荆州，约定取了西川之后立即归还给吴国。但刘备迟迟不攻西川，因而也迟迟不还荆州。周瑜要鲁肃来催还，刘备向鲁肃哭诉一番。鲁肃不忍，又回见周瑜。周瑜此时心生假途灭虢之计，要鲁肃再度去荆州见刘备，说是由周瑜去帮刘备打西川，打了后送给刘备作为孙权妹妹的嫁妆。

但是，这一计又被诸葛亮轻易识破。诸葛亮见鲁肃回来得如此之快，判定鲁肃没有见到孙权，因而做嫁妆送人的决定不是孙权做的，也就是假的。而周瑜却以为诸葛亮终于中了他一计，便得意忘形起来，准备在刘备迎接他时，把刘备捉来杀了。没想到，周瑜带兵抵荆州时，只有很小的官迎接他，骗他说刘备在城门迎接。到了城门，只有赵云把守，无人迎接。此时关羽、张飞、黄忠、魏延从四面八方包围过来。

周瑜一见此状，知此次计谋又被诸葛亮识破，气得七窍生烟，箭疮再度发作，大呼一声，坠于马下。左右把周瑜急救上船。

周瑜一气之下决定真的去攻打西川。行至巴丘时，却被蜀将刘封、关平截住了水路。周瑜则再度发怒，却听信使来报，诸葛亮有信给周瑜，说攻西川使东吴后方空虚，要防曹操趁机攻打，因而远征难收全功。诸葛亮说得句句是理，周瑜不得不服。最后，诸葛亮又在信中说："我实不忍心坐视东吴遭此失败。"这一句话，更是以高姿态对周瑜表示怜悯。气得周瑜昏倒在地，许久才徐徐醒来，仰天长叹："既生瑜，何生亮！"连叫数声而亡。这就是诸葛亮三气周瑜。

周瑜从发现诸葛亮才华超过自己那天起，就想谋害他，但事与愿违。赤壁大战之后，吴、蜀两国为争夺荆州，周瑜和诸葛亮各自运筹帷幄，施展才华。经过三次大的较量，结果周瑜皆败在诸葛亮手下。然而，周瑜总不服气，终于气绝而之。临死还呼喊："既生瑜，何生亮！"报怨老天爷不公。可见周瑜嫉妒贤能，小肚鸡肠，心胸狭小，不能容他人在己之上，因此才被诸葛亮气死。

人在嫉妒心理的影响下，健康极易受损。要想使人进步，跟比自己强的人交往才会学到更多的东西。特别是作为领导者，对比自己强的人一定要做到礼贤下士，而不妒其才华。像周瑜那样，弄个两败俱伤，既不利己，又妨碍工作进行，真是得不偿失。

一个人要学会平衡自己的心灵，不管是收是放，都应从容自得。我们的心灵应该像天平那样，称量物体的时候，你看那物体忙来忙去而衡杆却一点也不忙；物体被搬下去的时候，也就自然在这里悬空而浮了。就在那样的虚无清静之中，真不知道有多少的自在了！

在现代繁忙、快节奏的生活中，一个人学会管理心灵的本领十分重要。节假日，我们要尽可能过得快乐而有意义，尽可能多地让自己走出狭小的空间，多呼吸新鲜空气，多接触新鲜事情。工作学习的时候，也要做到从所做的事情中体会快乐，乐于沉浸其中。如果我们能够做到"观山则情满于山，观海则意溢于海"，在任何情况下都能保持平和开朗的心境，那就是一个超脱的人了。生活中有许多人都不喜欢自己的工作，每天弄得自己愁眉苦脸，生活也了无乐趣可言。如果懂得这些是必须要做的，开心去做，学会放飞自己的心灵，岂不是会过得更开心一些？

孔子说："五十而知天命。"在这里，五十岁只是一个比喻的说法。其实，不管是五十岁，还是三十岁、二十岁，都是一样的。否则你活到八十岁还是摸不清楚自己的命运。孔子这句话的主要意思是：随着年龄的增长，你从错误中积累了智慧，因而能够学会顺应天意。只有到了那个时候，你才能够透视命运对你的安排。

当我们回顾浩瀚的历史，当我们打开尘封的记忆，我们不难发现，有些人放弃少许却获得了更多。

东晋陶渊明不与世俗合污，不为"五斗米"折腰，他放弃了俯仰由人的仕途，却享受到了"采菊东篱下，幽然见南山"的惬意；唐朝李白一生豪放不羁，浪漫飘逸，他不愿低头摧眉，宁愿弃官而去，选择云游四方，与诗酒为伴，最终吟就了熠熠生辉的九百诗篇，令后人赞叹不已；"两弹一星"的元勋邓稼先，放弃了在美国舒适的工作环境，毅然投身祖国的怀抱，报效祖国，至死不懈，创造了伟业……先贤虽已远去，却仍然给我们这样的启示：人生有失才有得，放弃未必意味着不幸！

但是生活中不是人人都能甘于放弃，都懂得放弃的必要。有的人贪图富贵，为此不择手段；有的人热衷功名，为此尔虞我诈；有的人爱慕虚荣，为此不肯谦让忍耐；有的人迷恋玩乐，为此丧失斗志……然而，这些未必能给他们带来真正的快乐和幸福，相反，往往使他们活得更为沉重，更加烦恼，甚至走向自我毁灭。因此，过多地追求不属于自己的东西，不肯放弃眼前的安逸，必将使人生变味，使人生的绿地慢慢荒芜。

其实许多人不明白：放弃也是一种美丽。因为上帝在关上一道风景秀丽的门时，同时也会打开另一扇别有一番洞天的窗。放弃了丑陋你就选择了美丽，放弃了黑暗你就选择了光明，放弃了邪恶你就选择了正义，放弃了平铺直叙你就选择了曲折离奇。凡是对立的东西你又怎能"鱼与熊掌兼而得之"呢？不要害怕关上门后就一定是漆黑一片。拿出你的勇气！打开那扇窗，你会发现外面的风景更迷人。

人生感悟

放弃，是让人很不情愿甚至心痛的选择。毕竟，放弃先前留下的许多追求与希望，甚至汗水与泪水，要丢掉那分固执，是多么的艰难。执著，历来被认为是一种可贵且值得称道的精神。但是，执迷不悟的固执，是否算是一种自欺呢？因种种主客观因素制约难圆其梦时，与其一意孤行地固执下去，不如正视现实，咬咬牙勇敢地放弃。

适时放弃，是人生的大智慧

说到放弃，人们常常会联想到退却、半途而废、浅尝辄止，为了实现梦想而坚持不懈，永不放弃，似乎成了很多人的口号。的确，成功需要勇气，需要坚持，就如同驾驶着一条船，只有不间断地摆动船桨，才不会随波逐流，才有可能到达彼岸。但是一味地坚持却是盲目的。就如同小船没有到达彼岸却已载满了一路的收获，虽然坚持划桨，但是前行却举步维艰，如果不放下一些，那么就可能永远也到达不了彼岸，甚至还可能因为负重过多而翻船。所以明智的人生不是一味地坚持，而是要适当地放弃，一个人只有在前进中学会放弃，才能撤除那些前进中的障碍，轻装上阵，去拥抱更大的收获。

中央电视台的著名主持人董卿，凭着大气婉约、沉稳亲和的主持风格，成为央视最炙手可热的女主持人，优雅从容的姿态、亲和淡定的微笑，几乎让每一个观众记住了她。从各类大型活动到央视春晚，董卿都担当重任。因为主持，她尽展魅力；因为主持，她获奖无数，在很多人看来，董卿的主持之路顺风顺水。其实，她如今的收获来自昔日的放弃。

大学毕业之后，董卿的第一份工作是在浙江电视台，在那里她不仅要做主持人，而且还要兼做制片人，虽然很忙碌，但是却做得相当好。经过一年业务积累，董卿报考了上海电视台，七八百人参加考试，只录取了两个，董卿就是其中之一。就这样，董卿顺利地进入了上海电视台。但由于是新人，她没有节目可主持，只能做一些简单的联络、跑场工作，虽然没有机会上台主持，没有了第一份工作的如鱼得水，但是董卿却并没有就此退却。在这些黯然神伤的日子里，她拿起书本，考取了上海戏剧学院的电视专业，顺利地读完了本科。

1998年，董卿得到了完全属于自己的主持舞台，很快，她清新的主持风格就赢得了很多观众的喜爱，成为上海家喻户晓的主持人。就在同一年，上海卫视成立，为了寻求更大的发展，董卿放弃了主持熟稔的节目，进入上海卫视，从头做起。但是没想到当时的收视率却低得一塌糊涂。面对事业的低谷，董卿再次选择了读书，进入一所高校继续深造。而这时卫视也不断改革、蒸蒸日上，董卿被委以重任，同时担任多档节目的主持工作。那时董卿观众缘极佳，在工作上轻松、快乐，还获得了全国主持人"金话筒"奖，成为当时上海卫视的一线主持人，她的主持生涯由此进入了第一个高峰。她的生活也是安乐富足，每到周末，她都开着车去兜风，做一些自己喜欢的事。

2002年，中央电视台一档节目向董卿发出邀请，希望她去做主持人。想到自己有幸主持中央电视台的节目，但又想到自己所有的人脉和环境都在上海，北京没有朋友，没有住处，人生地不熟，甚至连出门怎么走、去哪里剪头发、去哪儿买衣服都不知道，她一度犹豫不决。

但是她想到机会难得，于是便决定先"两地跑"，每个月她都要从上海飞到北京，录好节目之后，她再回去。但是分身无术，持续半年，董卿在两地往返和忙碌的工作中变得身心疲惫，她决定先暂时放下上海的工作，专心于北京的节目。于是她放弃了得心应手的工作和舒适安逸的生活，拿起简单的行李，直奔北京。

来到北京，第一件事就是租房子，由于房子不大，她那些漂亮的衣服都被压在箱底。没有汽车可以兜风，没有亲人、朋友可以陪她逛街聊天。完成了每个月七天的任务，董卿一下子不知道去哪里好。于是她一个人去看电影、喝咖啡、逛京城，独来独往，让她更加眷恋家乡，想念朋友和亲人，想着想着眼泪便开始在眼眶里打转，有时候，她恨不得马上就提起行李箱回去。"我现在要的是什么？不就是工作、激情和满足感？坚决不回！"

她咽回眼泪，不给自己不坚持的理由。

　　为了做好一档节目，她在台下细心斟酌每一句话，为了能给观众一个好印象，她为一双鞋跑遍整个京城。一次她被电视台委以重任，连续20天每晚要主持三个小时的现场直播，从四点彩排开始，到晚上十点直播结束，换下主持礼服的董卿又马不停蹄地准备第二天的工作。从回到家准备到凌晨三点，伴随着最后一颗夜星的隐没，她才放下手中的台词，疲惫着入睡，体味孤独兼并失眠，虽然劳累，但她却乐在其中。

　　对于每一场节目，她亦如此认真。充足的准备、优雅的姿态、舒展的笑容，台下的失眠、忧愁，都在上台那一刹那转瞬即逝。知道是她主持节目，导演就很放心。她对工作的认真和淡定优雅的银幕形象，使她赢得了越来越多的认可，主持之路也走得逐渐宽阔。

　　放弃不是退却，而是为了更坚定地前进，从初入上海卫视的青涩女孩，到央视优雅端庄的荧屏一姐，董卿失去了很多，也得到了很多，正是在放弃中，她一步步登上了属于自己的靓丽的人生舞台。

人生感悟

　　坚持目标，一路向前，是一种大精神，懂得适时放弃，是一种大智慧。在奔向成功的路上，有些东西需要坚持，但有些东西必须放弃。俗话说："鱼和熊掌不可兼得。"懂得适时放弃，不是为自己让步，而是给自己一个不再犹豫的理由，懂得适时放弃，不是对现实妥协，而是为了给自己一个更大的希望。学会在前进中放弃，我们的成功之路才越走越远，越走越宽。

做人做事都要进退有数

　　丰盈自己的人生色彩，是每一个人的人生追求。丰盈人生色彩的一个重要方面就是获得人心的支持，收获爱的关注。收获了爱和支持，人们才能受此辅佐，更多地发挥自我生命的价值。这就需要人们学会为人处世，懂得如何收获支持和爱。爱与支持来自于交流，来自于心灵的交汇，更来自于和谐。一个人与人与事和谐相处，才能在自己身边培养爱与支持，使自己变得更受欢迎，并承蒙于此，享受生命礼赞。

但是与人相处难免会遇到人情分歧，做事也难免会遇到不合心意之时，如何才能做到与人、事达到和谐，这就需要我们学会审时度势、进退有度，从自我出发进行调整，保持这种和谐之态。如果不懂进退之术，那么就是自己坏自己的事，搬起石头砸自己的脚。

三国名将关羽"温酒斩华雄"、"过五关斩六将"、"单刀赴会"，威名赫赫、武功盖世，是沙场上的英雄，有着万夫不当之勇，但是他却因此豪情而失了分寸，为人做事不识大体、盛气凌人。傲气的他从不把别人放在眼里，除了身边的刘备、张飞等交情甚深之人外，没有得到其他人的支持。起初他排斥诸葛亮，后还是经由刘备说服才平息，接着他又排斥黄忠，后来又与自己的部下傅士仁、糜芳不和。用我行我素来形容他也就罢了，但关键是关羽就因为这种性格，得罪了自己国家的盟友东吴，结果破坏了蜀国立下的"北拒曹操，东和孙权"的国策。就是在与东吴的交战中，他还是秉持着自己一身虎胆的豪气，对东吴人包括孙权通通不放在眼里，而且还称孙权等人为"犬子"，公开对东吴人进行人格污辱，并一再宣称荆州应属蜀国所有，结果导致吴蜀两国矛盾激化，最终使得自己丢了身家性命。

相比之下，北宋名相富弼就显得聪明得多。在他年轻时，曾遇到过这样一件事：一次他被人告知有人辱骂他，听后富弼便回答："哦，可能是在骂别人吧。"和他对话的人又说："怎么可能是在骂别人呢？那人一直叫着你的名字。"富弼又回答道："恐怕是骂与我同名字的人。"后来那个暗地里骂富弼的人听说之后惭愧得很。富弼的一再退让尽显了他的大度，受得下属尊敬和上司厚爱是再自然不过的事。后来他当上宰相，当然也不仅仅因为他的大度之风，该进时决不后退，也让他尽显威武之风。在任枢密副使时，他曾与范仲淹等大臣极力主张改革朝政，因此遭诽谤，一度被摘去了乌纱帽。在出使契丹时，他不畏威逼，拒绝割地的要求。这种进退有数的为人处世之道，才成就了他流芳千古的美名。

如何成为一个有智慧的人，如何才能成大事，不仅仅是要懂得进退，还要找到进退之原则。审时度势在于明大势，进退有度在于知分寸。握准分寸，辨清势头，进退才有度可循。

《三国演义》第二十一回曹操煮酒论英雄中记载了这样一段故事：刘备因落难投奔曹操之地许都，因为害怕遭曹操陷害，刘备便在住所后园种菜，开亲自浇灌，迷惑曹操。一天曹操邀请刘备到家中喝酒，后来两人谈到谁为当世之英雄时，曹操指出英雄的标准是胸怀大志，腹有良谋，有包藏宇宙之机，吞吐天地之志，刘备提到的袁术、袁绍、刘表、孙策、张绣、张鲁等人，也被其一一贬低。于是刘备便问谁才是英雄。曹操答道："天下英雄唯使君与我。"原本自己是以韬晦之计于此，结果被曹操看得清清楚楚，刘备一下子丢了筷子，表现得异常惊讶，很是不敢当。曹操问刘备为何如此之惊恐，恰逢这时屋外雷声大震，刘备边捡筷子边小声说："从小害怕雷声，一听见雷声只恨无处躲藏。"这一句拙语惹得曹操哈哈大笑，从此刘备在曹操心里留下了胸无大志、气候不成的形象，于是曹操也就没再将刘备放在心上。刘备深知时机未到、羽翼未丰，自己还要借助曹操的力量，所以在与曹操交往中步步后退，退让了自己的才能和智慧，最终如愿以偿地走出了虎狼之地。

不想被势所逼，就要早些看清形势，学会使用进退之术，把形势控制在和谐的范围内。审时度势进退有数不仅仅是为了维持和谐之氛围，更重要的是，它是一种成事的策略，如同刘备的韬晦之计，是为了保全自己的利益。

股市就是一个以进退之术赢利益的地方，明智的股民懂得"知进退，精选股"的道理，如果不知深浅，就有可能一夜破产，若能把握精准的进退之术，几分钟便可将重金收入囊中。而成功之道亦如此。

泰国长春置地有限公司总经理毛哲樵在如何成为一名成功的经理人这一问题中提到："大家要具备良好的大局观，与集团步调一致地各司攻守；在公司经营上，集团在总体战略和行业战略上已有取舍、对资源分配和资产组合已有规则，在发展的同时已能有效控制风险；利润中心则应专注于内部管理和内涵发展，谨慎进行外延扩张，特别对超越本身融资能力、需要集团大量资金支持又对集团资产组合和投资回报正面影响不大的投资发展项目有所节制。简单归结，经理人不知进退会造成公司的风险失控。"想要在事业上成大事，那一定是要懂得进退有数，识得大体。

人生感悟

退是为了保全和谐，以此保存精力，进则是为抓住机会突破和超越。该退时不退，便会破坏和谐之局势，乱了大谋略，该进时不进，错失良机，毫无成事。不懂进退之术，人生便会乱了阵脚。由此可见，不论是做事还是做人，掌握进退之术都是非常必要的。

不要吞下嫉妒的毒药

　　嫉妒是痛苦的制造者，在各种心理问题中是对人伤害最严重的，可以称得上是心灵上的恶性肿瘤。如果一个人缺乏正确的竞争心理，只关注别人的成绩，嫉妒他人，同时内心产生严重的怨恨，时间一久，心中的压抑聚集到一起，就会形成嫉妒心理，对健康造成极大的伤害。

　　伯特兰·罗素是20世纪声誉卓著、影响深远的思想家之一，也是1950年诺贝尔文学奖的获得者。他在其《快乐哲学》一书中谈到嫉妒时说："尽管嫉妒是一种罪恶，尽管它的作用可怕，但它也并非完全是一个恶魔。它的一部分是一种英雄式的痛苦表现：人们在黑夜里盲目地摸索，也许能走向一个更好的归宿，也许只是走向死亡与毁灭。要摆脱这种绝望，寻找康庄大道，文明人必须像他已经扩展的大脑一样，扩展他的心胸。他必须学会超越自我，在超越自我的过程中，学会像宇宙万物那样逍遥自在。"

　　19世纪初，肖邦从波兰流亡到巴黎。当时，匈牙利的钢琴家李斯特早已蜚声乐坛，而肖邦还是一个默默无闻的小人物。然而，李斯特对肖邦的才华却深为赞赏。怎样才能使肖邦在观众面前赢得声誉呢？李斯特想到了一个妙法：那时候在钢琴演奏时，往往要把剧场的灯熄灭，一片黑暗，以便使观众能够聚精会神地听演奏。李斯特坐在钢琴面前，当灯一灭，就悄悄地让肖邦过来代替自己演奏。观众被美妙的钢琴演奏征服了。演奏完毕，灯亮了。人们既为出现了这位钢琴演奏的新星而高兴，又对李斯特推荐新秀深表钦佩。

　　心理健康的人，总是胸怀宽阔，做人做事光明磊落的。只有心胸狭窄的人，才容易产生嫉妒。虚荣心是嫉妒产生的重要根源。虚荣心是一种扭曲了的自尊心。自尊心追求的是真实的荣誉，而虚荣心追求的是虚假的荣誉。对于嫉妒心理来说，死要面子，不愿意别人超过自己，以贬低别人来抬高自己，正是一种虚荣，是一种空虚心理的需要。所以，克服一分虚荣心就等于减少了一分嫉妒。嫉妒心一经产生，就要立即把它打消掉，以免其在自己的生活中作祟。这种方法，需要靠积极进取来实现，要使生活充实起来，以期取得成功。

嫉妒是一种突出自我的表现，无论什么事，首先考虑到的是自身的得失，因而引起了一系列的不良后果。所以当嫉妒心萌发或是有一定表现时，要能够积极主动地调整自己的意识和行动，从而控制自己的动机和感情。这就需要你冷静地分析自己的想法和行为，同时客观地评价自己，找出一定的差距和问题。当认清了自己后，再重新看别人，自然也就能够有所觉悟了。

要消除嫉妒心，应该做到以下几点：

一、学会自我宣泄。

有时候，面对生活和事业上的巨大落差或社会上种种不公正的现象，人们都难免会有一时的心理失衡和嫉妒。这时，如果实在无法化解的话，也可以适当地宣泄一下。可以找一个知心的亲友，痛痛快快地说个够，出气解恨，暂求心理的平衡，然后由亲友适时地进行一番开导。发泄完以后，你可能就会觉得好受了许多。当然，这种方式并不能最终解决嫉妒心理，要想最终解决嫉妒心理，还需要其他方面的调整。

二、树立正确的人生观。

要胸怀大度，宽厚待人。和我们自己一样，每一个人都有成功的渴望。我们在自己获得成功时也一定要尊重别人的成绩和才华。

三、正确理解竞争。

如今，社会上竞争无处不在。当看到别人在某些方面超过自己的时候，不要盯着别人的成绩怨恨，更不要企图把别人拉下马，而应采取正当的策略和手段，在"干"字上狠下工夫。

四、正确认识成功。

有了关于成功的正确价值观，就能在别人取得成绩时肯定别人的成绩，并且虚心向对方学习，迎头赶上，以自己努力得来的成功为荣。采取正确的比较方法，将人之长比己之短，而不是以己之长比人之短。发现不足，尽力完善。

五、正确评价他人的成绩。

嫉妒心往往是由于误解引起的，即人家取得了成就，便误以为是对自己的否定。其实，一个人的成功往往是付出了许多的艰辛和巨大的代价，人们是给予了他赞美、荣誉，但并没有损害你，也没有妨碍你去获取成功。

人生感悟

嫉妒是内心的恶魔,对身心健康危害极大。

遗憾会铸就生活的辉煌

短短的数十个寒暑,构成了我们整个人生,人们在这数十载中的每一刻,不停地忙碌、运行。人们在生命当中的每一天都做着各种各样的事情,为生存、理想还有各种目的去奔波、设想、策划、操作,然后等待结果。所谓"谋事在人,成事在天",既然有各种各样直接影响结果的因素,那么结果自然也是什么可能都有。

如若结果与人期望的相符,当然是可喜的。但若结果不遂人愿的时候,我们听到最多的一句话便是"遗憾"。

"遗憾"常用来表达一个人的无奈之情,或用来搪塞问话,躲避尴尬,也有用来推卸主观与客观的责任。那么面对遗憾,我们还能做些什么?后悔、抱怨、怨人、怨己,希望时光倒转,一切再来一次?这些于我们来说真的有意义吗?我们总是无休无止地盯着过去的过失不放,感怀自伤。殊不知,我们在追悔旧的过失之时,又在创造新的过失。

其实如果我们肯转过身来,放弃那些错误,以下一秒钟为一个新的起点,那将是一个多么宽广的局面!谁能说我们不能超越已在我们前面的人呢?别忘了,对于路程而言,除了时间,还有速度。

将"遗憾"变为"不遗憾",是我们从现在起必须要做的事。我们确实可以让一切重来。当我们做错一件事又重新再做的时候,这就是昔日重来呀,而且重来得更有底气也更有动力。

因为人们总是固执地面对"遗憾",所以觉得这是一件"坏"的事情,而事实并不是这样。如果肯转一个身,那么"遗憾"给我们的将会是一个全新的海阔天空。

著名画家梵·高曾是城市中孤独的过客,他固执地站在人群的边缘,生前经常无人问津,饥饿潦倒,惘然若失。甚至连亲人和朋友的理解他都得不到。由此来说,自己的艺术才能不被认同,作品被忽视甚至打击,该是十分遗憾了。但他没有被遗憾打倒，他并没有丧失追求艺术的希望，仍然在艰难的艺术之路上执著行走，这样的理想，这样的动力，促使他奋进，最终在孤寂和曲折中焕发出绚烂的生命之光。那火一般的向日葵，代表着他的生命，他的成就，绽放了几百年，经久不衰。

音乐奇才贝多芬也有类似的遭遇，在他正值创作高峰时，竟然双耳失聪。这对一个以音乐为生的人来说是多么大的打击！而当时的人们也纷纷表示遗憾，难道这少有的天赋只能就此湮没在芸芸众生之中吗？但贝多芬就是被这巨大的遗憾激发起蓬勃的创作欲望，雄浑与悲壮的《第九交响曲》响彻了几个世纪，绵绵不息。若他的音乐道路一帆风顺，他会有这遗憾过后的成就吗？

尽管并非所有的追求都能绽开花朵，尽管并非所有的播种都意味着收获，但我们开不能因此而不去努力，不去奋斗。倘若件件事都那么完美，没有遗憾，那就不会有希望，更没有努力奋斗的必要。

人生感悟

<u>为我们带来希望的事物不是别的，正是遗憾。有遗憾才有期待，才有再度辉煌的渴望。</u>

面对误解要冷静

社会上总是有那么一小部分人爱非议别人。一种是出于妒忌，看到别人取得了成就，超过了自己，就妒火中烧，非要从别人身上挑出毛病来，加以夸张渲染。有的甚至无中生有，造出许多谣言来中伤他人，目的无非是造成对别人不利的社会舆论，从而使自己获得某种心理平衡。另一种是和别人结有怨恨，出于报复的心理，播弄出一些流言飞语贬损别人的人格，降低别人的声誉。这样的人无论哪个时代都存在，让人防不胜防。

战国时候，张仪和陈轸都投靠到秦惠王门下，受到重用。不久，张仪便产生了嫉妒心，因为他发现陈轸很有才干，比自己强得多，担心日子一长，秦王会冷落自己，喜欢陈轸。于是，他便找机会在秦惠王面前说陈轸的坏话，进谗言。

一天，张仪对秦惠王说："大王经常让陈轸往来于秦国和楚国之间，可现在楚国对秦国并不比以前友好，但对陈轸却特别好。可见陈轸的所作所为全是为了他自己，并不是诚心诚意为我们秦国做事。听说陈轸还常常把秦国的机密泄漏给楚国。作为您的臣子，怎么能这样做呢？我不愿再同这样的人在一起做事。最近我又听说他打算离开秦国到楚国去。要是这样，大王还不如杀掉他。"

　　听了张仪的这番话，秦王自然很生气，马上传令召见陈轸。一见面，秦惠王就对陈轸说："听说你想离开我这儿，准备上哪儿去呢？告诉我吧，我好为你准备车马呀！"

　　陈轸一听，觉得莫名其妙，两眼直盯着秦惠王。但他很快就明白了，因为这里面明明话中有话，于是镇定地回答："我准备到楚国去。"果然如此。秦王对张仪的话更加相信了。于是慢条斯理地说："那张仪的话是真的。"

　　原来是张仪在捣鬼！陈轸心里完全清楚了。所以，他并没有马上回答秦王的话，而是定了定神，然后不慌不忙地解释说："这事不单是张仪知道，连过路的人都知道。我如果不忠于大王您，楚王又怎么会要我做他的臣子呢？我一片忠心，却被怀疑，我不去楚国，又到哪里去呢？"

　　秦王听了，觉得有理，点头称是，但又想起张仪讲的泄密的事，便又问："既然这样，那你为什么将我秦国的机密泄漏给楚国呢？"陈轸坦然一笑，对秦王说："大王，我这样做，正是为了顺从张仪的计谋，用来证明我是不是楚国的同党呀！"

　　秦王一听，却糊涂了，望着陈轸发愣。

　　陈轸不紧不慢地说："据说楚国有个人有两个妾。有人勾引那个年纪大一些的妾，却被那个妾大骂了一顿。他又去勾引那个年纪轻一点的妾，年轻的对他很友好。"

　　"后来，楚国人死了。有人就问他：'如果你要娶她们做妻子的话，是娶那个年纪大的呢，还是娶那个年纪轻的呢？'他回答说：'娶那个年纪大些的。'这个人又问他：'年纪大的骂你，年纪轻的喜欢你，你为什么要娶那个年纪大的呢？'他说：'处在她那时的地位，我当然希望她答应我。她骂我，说明她对丈夫很忠诚。现在要做我的妻子了我当然也希望她对我忠贞不渝，而对那些勾引她的人破口大骂。'大王您想想看，我身为楚国的臣子，如果我常把秦国的机密泄露给楚国，楚国会信任我、重用我吗？楚国会收留我吗？我是不是楚国的同党，大王您该明白了吧？"

秦惠王听陈轸这么一说，不仅消除了疑虑，而且更加信任陈轸了，给了他更优厚的待遇。陈轸巧妙的一席话，既击破了谗言，又保全了自己。

生活中每个人都有被陷害、被冤枉或被误解的时候。当发现有人攻击和诬陷我们的时候，不要惊慌，要冷静地进行解释和辩解，尽快消除一切误会，这样才能保护自己的利益。

人生感悟

势力强大的时候乘胜追击固然值得肯定；势单力薄的时候，能够冷静地动脑，这种处世智慧则更令人赞叹。

心态
——为生活开一扇窗

第三篇

种下自信的种子

人应该谦逊，但不能自卑

伟大的戏剧学家莎士比亚曾说："隐藏的忧伤如熄火之炉，能使心烧成灰烬。"而造成我们忧伤的原因之一，就是自轻自贱。因此，不管遇到什么事情，我们绝对不能看轻自己，如果自己都无法肯定自己，那么，又怎么期待别人来肯定你呢？

慧忠是唐肃宗年间最有名的禅师。有一个人给慧忠禅师当了三十年侍者，一直任劳任怨，忠心耿耿。慧忠禅师非常看重他的人品，所以想要帮助他早日开悟。

有一天，慧忠禅师像以前一样喊道："侍者！"

侍者听到慧忠禅师叫他，以为有什么事情要他做，于是马上回答道："禅师！需要我做什么吗？"

慧忠禅师听到他这样回答后说："没什么要你做的事情。"

过了一会儿，慧忠禅师又喊道："侍者！"

侍者马上回答道："禅师！需要我做什么吗。"

慧忠禅师回答他："没什么要你做的事情。"

这样反复了几次以后，慧忠禅师喊道："大师！大师！"

侍者听到慧忠禅师这样喊，感到十分纳闷儿，于是问道："禅师，您在叫谁呀？"

慧忠禅师说："我叫的就是你呀！"

侍者莫名其妙地问："我不是大师，而是您的侍者呀！难道您糊涂了吗？"

慧忠禅师看他毫不理解，便继续说道："没有一成不变的侍者，也没有一成不变的大师……"

不等慧忠禅师的话说完，侍者急忙表示："禅师！无论什么时候，我永远都不会辜负您，我永远都是您最忠实的侍者，任何时候都不会改变！"

慧忠禅师神情严肃地说："我的良苦用心，你却完全不明白。你还说不辜负我，实际上你已经辜负我了。你只承认自己是侍者，而不承认自己是大师。其实，众生与大师并没有什么不可逾越的鸿沟，众生之所以为众生，就是因为众生从来不承认自己能成长为大师，这实在是太令人遗憾了！"

说完，慧忠禅师拿出了早已备好的条幅送给侍者，上面写道："心，灵物也。不用则长存，小用则小成，中用则中成，大用则大成，重用则至于神。"

侍者突然醒悟：任何人都不可过于轻视自己。从此以后，侍者时时刻刻以慧忠禅师为楷模，终于修炼成一名德高望重的禅师。

人生感悟

一个自轻自贱的人，永远比别人矮一截，永远没有获得心灵轻松的机会，因为他的心灵已塞满自卑、忧郁和自怜，根本装不下快乐、自信和幸福的感觉。因此，一个人贫穷也罢，地位低下也罢，长相丑陋也罢，这些都不会影响别人对你的看法。只要你不看轻自己，因为你就算是渺小得如一粒细盐，丢入水中，仍然能让清水改变它的味道。

你比自己想象的更好

一位成功学家曾经说过："你一定比你想象的还要好，但是许多人并不这样认为。"事实上，许多杰出人士在年轻时就怀有大志，就想与众不同，无论遭遇任何磨难，仍相信自己是最好的。也可以这样说，你的坚持有多强，你的自信就有多强，你的路就有多长。

安徒生很小的时候，当鞋匠的父亲就过世了，留下他和母亲二人过着贫困的日子。

一天，他和一群小朋友获邀到皇宫里去见王子，请求赏赐。他满怀希望地唱歌、朗诵剧本，希望他的表现能获得王子的赞赏。

表演结束后，王子和蔼地问他："你有什么需要我帮助的吗？"

安徒生自信地说："我想写剧本，并在皇家剧院演出。"

王子把眼前这个有着小丑般的大鼻子和一双忧郁眼神的笨拙男孩从头到脚看了一遍，对他说："朗诵剧本是一回事，写剧本又是另外一回事，我劝你还是去学一项有用的手艺吧！"

但是，怀揣梦想的安徒生回家后不但没有去学能糊口的手艺，却打破了他的存钱罐，向妈妈道别，到哥本哈根去追寻他的梦想。他在哥本哈根流浪，敲过几乎所有哥本哈根贵族家的门。没有人理会他，他也从未想到

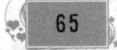

退却。他一直写作史诗、爱情小说,但都没能引起人们的注意,他虽然很伤心,但仍然坚持写下去。

1825年,安徒生随意写的几篇童话故事,出乎意料地引起了孩子们的争相阅读,许多读者渴望他的新作品发表,这一年,他30岁。

无独有偶,在美国,还有这样一位在窘迫的环境下成功的人。

他出生在美国的一个普通家庭,父亲勉强供他念到大学。

毕业后,他在一家杂志社谋到一份差事,并开始在报纸上发表文章。他雄心勃勃,想要成就一番大事业。几年过去了,他发表了不少文章,但仍然没有成名。他认为整天写短文章没出息,于是考虑写长篇小说。28岁那年,他终于写出了一部,但作品出版后,反应平平,既没有赚到钱,也没有获得期望中的名声。他的心一下子沉了下去,他开始怀疑自己的能力。

恰逢此时,他和杂志社老板闹意见,老板一怒之下,炒了他的鱿鱼。他四处求职,可是身上的钱已花得差不多时,工作还没着落,他越来越穷困潦倒。偏偏这时,一场人生的灾难骤然降临——他病倒了。

医生告诉他,这种病在短期内没法痊愈,需要长期住院观察。他听了以后,感到人生被画上了一个圆圈,他彻底绝望了。

日子在一天天过去,病情仍未见好转,他躺在床上什么都不做,感到全身空洞洞的。他开始胡思乱想起来。一天,他忽然想,为什么不找些轻松的书籍来阅读,譬如推理小说之类的呢?

说看就看,他真的找了几本看起来。两年后,他出院了,同时他发现自己竟在不知不觉间看了两千多册推理小说。或许是潜移默化,或许是其他原因,总之,他渐渐喜欢上了推理小说,最后,他干脆写起了推理小说。让他感到惊讶的是,他觉得自己竟然很适合写推理小说。

不久,他就写完一篇,并小心翼翼地送到编辑手上。让人深感意外的是,这篇名叫《班森杀人事件》的推理小说,一出版就大受欢迎,他由此迅速走红。

他叫范达因,被称为"美国推理小说之父"。他创作的《菲洛·万斯探案集》,成为世界推理小说史上的经典巨著,全球销售量达8000万册。

美国的学者吉思克尔说:"成功无法门,但失败一定会有所收获。"越早失败对一个人越有益,这样你才能在年轻时,获得大智慧。

台湾著名漫画家朱德庸25岁时红透宝岛,《双响炮》、《涩女郎》、《醋溜族》等作品深受人们喜爱。在内地,他的漫画也非常抢手。他的《绝对小孩》已经成了很火的畅销书，可谁能想到，如此才华横溢的他在小时候却是一个问题孩子，并认为自己非常笨。

在他10岁左右的时候，他发现自己对文字反应迟钝，但对图形很敏感。于是他在学校里画，回到家里也画，书和作业本上的空白地方都被画得满满的。在学校受了哪个老师的批评，一回到家就画他，狠狠地画，让他"死"得非常惨。后来就有媒体发现了他，为他开设了漫画专栏。因为找准了自己与兴趣的最佳结合点，他成了一位优秀的漫画家。

每个人都应该永远记住这个真理，只有不断超越自我的人，才是一个真正聪明的人。人生在世，每个人都有自己独特的禀性和天赋，每个人都有自己独特的实现人生价值的切入点。只要按照自己的禀赋发展自己，不断地超越心灵的枷锁，就不会忽略了自己生命中的太阳，而湮没在他人的光辉里，也不会因为他人的看法而让自己感到自卑。

20世纪40年代，一个10岁的男孩胆怯地走进意大利北部小城莫迪纳一家为贵族子弟开办的音乐学校。这个男孩刚出生时就能发出独特明亮的声音，当时医生们都认为他长大后会成为一个出色的男高音。

在童年时代，小男孩一直生活在要成为歌唱家的期望中。但是他出身卑微，在当时的社会，一个靠卖面包为生的家庭是不可能让子女接受良好的音乐教育的。好在这所学校的校长看中了男孩的天赋，破格让他在这里学习。作为回报，男孩每天最早到学校为学生们烧开水，下午打扫完全校的卫生后才最后一个离开。

男孩非常珍惜这次难得的学习机会，他比谁都刻苦。在学期末，全班同学中只有那个男孩通过了校长近似苛刻的考试。校长严厉地指责其他学生身处良好的环境，竟然得过且过，浪费光阴，只有那个男孩是班上最优秀的。

"校长，你有没有弄错，他可是卖面包的孩子啊！"教室里的学生们发出一片嘲笑声。这个男孩的脸被羞得通红，低下头一言不发。"孩子，你要把正视卑微当成你人生的第一堂课。卑微并不可怕，不思进取才是最不能容忍的。我相信你将来也是最优秀的。"

后来，这个男孩果然没有让校长失望，经过七年的不懈学习，男孩终于有了登台演出的机会。又用了七年时间，进入大都会歌剧院。而在第三年结束时，他成为了歌唱家。他就是当代最著名的男高音歌唱家帕瓦罗蒂。

1963年，他在英国伦敦出演的歌剧《波希米亚人》获得巨大成功，1990年夏天在意大利举办足球世界杯赛期间，三大男高音帕瓦罗蒂、多明

◆ 种下自信的种子

第三篇

戈·卡雷拉斯一起登台演出，从此，帕瓦罗蒂作为世界第一男高音而被世人认可。

回忆起他的成功之路，帕瓦罗蒂深情地说，童年时的校长告诉他，正视卑微是人生的第一堂课，他从那以后忘记了自己是面包匠的儿子，他认为在音乐面前，没有高贵，没有卑微，只有平等。

人生感悟

成功者告诉我们说，任何时候都不要觉得自己很卑微。哪怕现在一无所有，但是，一定要相信自己是最好的。有了这样的想法，就不会认为自己一无是处，就不会再垂头丧气。只要你认为自己比想象的更好，你就是最优秀的。

把自己当成是最好的

一般来说，成功的主要因素在于自己。很多人不相信自己的想法，不相信自己的能力，有时就算有了好的想法也不会付诸实施。而当别人去做并取得了成绩时，却又懊悔不已。其实大可不必，因为自己是最好的实践者，只要积极主动地把想法落实到行动中，也许下一个成功的人就是你。

默巴克出生于美国一个贫困家庭，从小饱受歧视。他凭借着不屈的毅力，19岁时考入美国名校斯坦福大学。但家庭经济的窘迫容不得他像富家子弟那样悠闲自在，他不得不利用课余时间四处奔波，赚取微薄的收入，交纳学费和维持简单的生活。

默巴克主动向校方提出勤工俭学，包揽学生公寓的卫生打扫。他非常珍惜这份工作，干活一丝不苟。在打扫公寓时，默巴克经常在墙脚和床铺下面清扫出一些硬币来，然后会主动问同学们，这是谁丢失的。可同学们要么不屑一顾，要么就是懒洋洋地告诉他："不就是几枚破硬币吗？谁稀罕。你不嫌弃就拿去好了。"

虽然他们语带讥讽，但默巴克并不尴尬。在同学们怪异目光的注视下，他默默地捡起了一枚枚带着灰尘的硬币。

第一个月下来，默巴克把捡到的硬币进行清点，连他自己也感到吃惊：

竟有500美元之多。这令他喜出望外。这些白白捡来的硬币，不仅解决了学费的燃眉之急，而且还让自己的生活质量大为改善。

这份额外收入让默巴克突发奇想。他决定把人们不重视硬币的事情，反映给国家有关部门。于是，他分别给国家银行和财政部写了信，建议上述部门应该关注小额硬币被白白扔掉的情况。财政部的回信很快到达，告诉这位贫困的大学生："正如你反映的那样，国家每年有310亿美元的硬币在市场上流通，却有105亿美元被人随手扔在墙脚和别的地方，虽然国家多次呼吁人们要爱惜硬币，但收效甚微，我们对此也无能为力。"

这样的答复不免让默巴克沮丧，但同时他从中看到了潜在的巨大商机。从此，他便用心收集有关硬币方面的资料。从资料中他得知，一般硬币的使用寿命可达30年左右，而这些硬币常散落于各家各户的墙脚、沙发缝、床底下和抽屉等角落。

默巴克决心从中打开缺口，开创事业。1991年，默巴克大学毕业，他没有像其他同学那样奔波求职，而是针对人们日益增长的换取硬币的需求，成立了一个"硬币之星"公司，并购买了自动换币机，安装在附近的各大超市。顾客每兑换100美元硬币，他会收取9%的手续费，所得利润与超市按比例分成。

开业伊始，默巴克"硬币之星"公司的生意便异常火爆，他不仅赚取了丰厚的利润，也大大方便了超市和顾客，赢得了人们的普遍欢迎。

而后，默巴克继续扩大公司的业务，把"硬币之星"燃遍了全美，并获得了巨大成功。1996年，公司开张仅仅不到五年时间，"硬币之星"公司便在全美近万家大型超市设立了一万多个自动换币机连锁店。又过了两年，当年那个被人们讥讽为穷小子的默巴克，摇身一变成了亿万富翁，"硬币之星"也成为了纳斯达克的上市公司。

谈到自己的成功秘诀，默巴克显得从容平静："每个人在这个世界上都是独一无二的，也许你的出身很卑微，也许你在某个方面不如别人，但你要永远记住，没有任何人能够取代你独有的位置。只要坚守自我，自信昂扬地经营生活，你的人生就一定会如你所愿。"

有位哲人说得好："人们应谨记一个处世原则，因自我了解而表现出来的举止，就是一般人对自己的观感。"你是想做一个默默无闻的人还是有着丰功伟绩的人，全在于你对自我的评价，而别人可能因为你的自我评价而同样地评价你。

爱因斯坦小时候是个十分贪玩的孩子。他的母亲常为此而忧心忡忡，可母亲的再三告诫对他来讲如同耳边风。直到他16岁的那年秋天，一天上午，父亲将正要去河边钓鱼的爱因斯坦拦住，并给他讲了一个故事，正是这个故事改变了爱因斯坦的一生。

故事是这样的：

"昨天，"爱因斯坦的父亲说，"我和咱们的邻居杰克大叔清扫南边工厂的一个大烟囱。那烟囱只有踩着里边的钢筋踏梯才能上去。你杰克大叔在前面，我在后面。我们抓着扶手，一阶一阶地终于爬上去了。下来时，你杰克大叔依旧走在前面，我还是跟在他的后面。后来，钻出烟囱时，我发现一个奇怪的事情：你杰克大叔的后背、脸上全都被烟囱里的烟灰蹭黑了，而我身上竟连一点儿烟灰也没有。"

爱因斯坦的父亲继续微笑着说："我看见你杰克大叔的模样，心想我肯定和他一样，脸脏得像个小丑，于是我就到附近的小河里去洗了又洗。而你杰克大叔呢，他看见我钻出烟囱时干干净净的，就以为他也和我一样干净呢，于是就只草草地洗了洗手就大模大样地上街了。结果，街上的人都笑痛了肚子，还以为你杰克大叔是个疯子呢。"

爱因斯坦听后，忍不住和父亲一起大笑起来。父亲笑完了，郑重地对他说，"其实，别人谁也不能做你的镜子，只有自己才是自己的镜子。拿别人做镜子，白痴或许都会把自己照成天才的。"

爱因斯坦听了，顿时满脸愧色。

从此，爱因斯坦离开了那群顽皮的孩子们。他时时用自己做镜子来审视和映照自己，终于映照出生命的熠熠光辉。

在现代社会里，一个人要想成就一番大业，仅凭单枪匹马的拼杀是不够的，更需要众多人的支持与合作，这时自信就显得尤为关键。只有首先相信自己，才能说服别人也相信你，如果连自己都不相信自己，就意味着失去了最可依靠的力量。

人生感悟

凡是有自信的人，都可表现为一种强烈的自我意识，这种自我意识使他们充满了激情、意志和战斗力，没有什么困难可以压倒他们，他们的信条就是：我要赢，我会赢。因为他们自信，所以才会相信自己的选择、相信自己的事业有成功的可能，所以才会坚持到底，直至达到自己的目标。别人怎么看你并不重要，自己对自己的评价才最关键。敢于相信自己就能为成功增加筹码，因此，无论什么时候，都要把自己当成是最好的。

信念是一粒种子

信念是成功的保证，一个人的内心中如果蕴藏着一个信念，并坚持不懈地为之努力，那么，他一定会成为笑到最后的人。

在英国伦敦，有一片古老的建筑，为了开辟新的街道，英国政府拆除了这些陈旧的楼房。后来，由于种种原因而久久不能开工，人们发现，在这片废墟上竟然长出了野花。令人惊奇的是，其中一些野花在英国从来没有见过。后来，经自然科学家考证，这些野花的种子多半是由古罗马人带到这里的，它们被压在沉重的石头砖瓦之下，一年又一年丧失了生长发芽的机会。

人，就像那些被掩埋的花的种子，也有怀才不遇的时候，也有受压制、被埋没的时候，但如果因一时的埋没而放弃心中的信念，那生命就会成为一具空壳，永远开不出希望的花朵。而有志成功的人无论人生的前景多么暗淡，哪怕看不到一丝亮光，也要把信念的种子细心珍藏。

有一支英国探险队进入撒哈拉沙漠的某个地区，在茫茫的沙海里跋涉着。阳光下，漫天飞舞的风沙像炒红的铁砂一般，扑打着探险队员的面孔。队员们口渴至极，而水却早已喝光。这时，探险队长拿出一只水壶，说："这里还有一壶水，但穿越沙漠前，谁也不能喝。"

一壶水，成了穿越沙漠的信念之源，成了求生的寄托目标。水壶在队员手中传递，那沉甸甸的感觉使队员们濒临绝望的脸上又露出坚定的神色。终于，探险队顽强地走出了沙漠，挣脱了死神之手。大家喜极而泣，用颤抖的手拧开那壶支撑他们的精神之水，可缓缓流出来的，却是满满的一壶沙子。

炎炎烈日下，茫茫沙漠里，真正救了他们的不仅仅是这一壶沙子。他们执著的信念，已经如同一粒种子，在他们的心底生根发芽，最终领着他们走出了"绝境"。

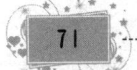

事实上,人生从来没有真正的绝境。无论遭受了多少艰辛,经历了多少苦难,只要心中还怀着一粒信念的种子,那么总有一天能走出困境,让生命重新开花结果。

人生就是这样,只要种子还在,希望就在。

罗杰·罗尔斯是美国纽约州历史上第一位黑人州长。他出生在纽约声名狼藉的贫民窟。那里环境肮脏,充满暴力,是偷渡者和流浪汉的聚集地。在这儿出生的孩子,耳濡目染,他们从小学会逃学、打架、偷窃甚至吸毒,长大后很少有人从事体面的职业。然而,罗杰·罗尔斯是个例外,他不仅考入了大学,而且成了州长。

在就职的记者招待会上,一位记者对他提问:是什么把你推向州长宝座的?面对数百名记者,罗尔斯对自己的奋斗史只字未提,只谈到了他上小学时的校长——皮尔·保罗。

1961年,皮尔·保罗被聘为诺必塔小学的董事兼校长。当时正值美国嬉皮士流行的时代,当他走进诺必塔小学的时候,发现这儿的穷孩子比"迷惘的一代"还要无所事事。他们不与老师合作,旷课、斗殴,甚至砸烂教室的黑板。皮尔·保罗想了很多办法来引导他们,可是没有一个是奏效的。后来他发现这些孩子都很迷信,于是在他上课的时候就多了一项内容——给学生看手相。他用这个办法来鼓励学生。

当罗尔斯从窗台上跳下,伸着小手走向讲台时,皮尔·保罗说:"我一看你修长的小拇指就知道,将来你是纽约州的州长。"当时,罗尔斯大吃一惊,因为长这么大,只有他奶奶让他振奋过一次,说他可以成为五吨重的小船的船长。这一次,皮尔·保罗先生竟说他可以成为纽约州的州长,着实出乎他的意料。他记下了这句话,并且相信了它。

从那天起,"纽约州州长"就像一面旗帜,激励着罗尔斯的奋进。从此罗尔斯的衣服不再沾满泥土,说话时也不再夹杂污言秽语。他开始挺直腰杆走路,在以后的40多年间,他没有一天不按州长的标准要求自己。51岁那年,他终于成了州长。

在就职演说中,罗尔斯说:"信念值多少钱?信念是不值钱的,它有时甚至是一个善意的欺骗,然而你一旦坚持下去,它就会迅速升值。"

人生感悟

<u>在这个世界上，信念这种东西任何人都可以免费获得，所有成功的人，最初都是从一个小小的信念开始的。信念就是所有奇迹的萌发点。永远坚持信念，成功就会在前面等你。</u>

不相信自己的意志，永远也做不成将军

"在这个世界上，没有人能够使你倒下，如果你自己的信念还站立的话。"这是黑人领袖马丁·路德·金留下的一句很激励人心的话。

自信的人生是永远不会被击败的，除非他自己最后精疲力竭，无力拼搏，因为最富有成就的人就是依靠他们的自信、智慧和能力取得成功的。

美国前总统罗斯福，当他还是参议员时，英俊潇洒，才华横溢，深受人们的爱戴。有一天，罗斯福在加勒比海度假，游泳时突然感到腿部麻痹，动弹不得，幸亏旁边的人发现和挽救及时，才避免了一场悲剧的发生。

经过医生的诊断，罗斯福被证实患上了脊髓灰质炎。医生对他说："你可能会丧失行走的能力。"罗斯福并没有被医生的话吓倒，反而笑呵呵地对医生说："我还要走路，而且我还要走进白宫。"

第一次竞选总统时，罗斯福对助选员说："你们布置一个大讲台，我要让所有的选民看到我这个患麻痹症的人，可以'走到前面'演讲，而不需要任何拐杖。"当天，他穿着笔挺的西装，面容充满自信，从后台走上演讲台。他的每次迈步声都让每个美国人深深感受到他的意志和十足的信心。后来，罗斯福成为美国历史上唯一一个连任四届的伟大总统。

成功学的创始人拿破仑·希尔说："自信是人类运用和驾驭宇宙无穷大智的唯一管道，是所有'奇迹'的根基，是所有科学法则无法分析的玄妙神迹的发源地！"即使罗斯福在身体残疾时，也总是对自己充满自信，总是充分相信自己的能力，深信所做的事必能成功，因此在他做事时，就能付出全部精力，排除一切艰难险阻直到胜利。

其实，对于你的梦想能否实现，真正有影响的观点是你自己的看法，很多事情的成功，最主要的是靠不屈不挠的意志力与绝对的自信。

第三篇 ◆ 种下自信的种子

人生感悟

自信是一种动力,它可以推动你去做别人认为不可能成功的事情。自信并不在于你是如何优秀的人,也不在于你自我感觉如何,而在于你是否具有采取明确的行动来使生活中的问题得到解决的才智。总是以自己本身某部分的缺陷而限定自己能力的人,是不聪明的,那只是找借口来掩饰自己害怕失败的心理。生命本身是一种挑战,即使自己有缺陷,但是只要不认输,肯努力去证明自己某方面的本领,就一定能获得成功。

将自卑踩在脚下

拿破仑·希尔曾经说过:"要想永远保持乐观的态度和拥有成功的人生,那就请拔去自卑的重锚,扬起自信的风帆。"

每个人都知道,自信是所有成功人士必备的一项素质,而自卑则会使人对生活、对事业缺乏信心,始终在痛苦的泥淖中挣扎。

自卑的人总感觉处处不如别人,自己看不起自己,"我不行"、"我没希望"、"我会失败"等话总是挂在嘴边。自卑的人往往自尊心极强,自卑与自尊经常会发生冲突,这种冲突会使人产生极其浮躁的心理。

其实,谁都曾有过自卑的念头,但千万不要让这种危险的念头主宰了你,你要相信,你会战胜自卑的。

1951年,英国人弗兰克林从自己拍摄的极为清晰的DNA(脱氧核糖核酸)的X射线衍射照片上,发现了DNA的螺旋结构,就此还举行了一场报告会。可是弗兰克林生性自卑多疑,总是怀疑自己论点的可靠性,后来竟然放弃了自己先前的假说。

然而,就在两年之后,沃森和克里克也从照片上发现了DNA分子结构,提出了DNA的双螺旋结构的假说。这一假说的提出标志着生物时代的开端,从而获得了1962年的诺贝尔医学奖。

假如弗兰克林是个积极自信的人,坚信自己的假说,并继续进行深入研究,那么这一伟大的发现将永远记载在他的英名之下。

自卑会导致失败,这是显而易见的,它是一种消极的自我评价或自我意识。一个自卑的人往往过低地评价自己的形象、能力和品质，总是拿自己的弱点和别人的强处对比，觉得自己事事不如人，在人前总是自惭形秽，从而丧失自信，不思进取甚至沉沦。但是，自卑对成功是起不了任何作用的，真正想获得成功的人，不管自身有着怎样的缺陷，都会将自卑踩在脚下，走出属于自己的成功之路。

黄美廉就是这样一个克服自卑，获得成功的人士。

她在出生时，由于意外，使脑部神经受到严重的伤害，以致颜面四肢肌肉都失去了正常作用。当时她的爸爸妈妈抱着身体软软的她，四处寻访名医，结果得到的都是无情的答案。她不能说话，嘴还向一边扭曲。六岁时，她还无法走路，家人都对她的前途失去了信心。

但就是这样一位在他人看来没有任何希望的人，却在经过多年努力后不但成为了艺术博士，还开过多次画展，并为多家报刊撰写专栏。

在谈到自卑的时候，黄美廉说，自卑是很正常的情绪之一，但如果过分自卑，那就形成一种病态了。作为她本人来说，好像比一般人更容易自卑，但她已经学会接受自己。她早已习惯了别人对她的目光，她常说的一句话是：我只看我所有的，不看我所没有的。

有人说不自卑是成功的起点，事实的确如此。人纵有一万条理由自卑，也有一万条理由自信。战胜自卑，打败心中的敌人，将自卑变为发奋的动力，就能大踏步地走向成功。

周围人对我们的判断，常常取决于我们的自我评价。对于那些非常自信的人来说，周围的人也会非常信任他；另一些人非常胆怯，从来不相信自己，无法独立作出判断，总是依赖别人的意见，对这种人，周围的人自然也不敢信任他。如果一个人在做事时充满了自主性，能够雷厉风行，相信自己一定能成功，那么他就能赢得别人的信任，因为他是自信的。

夏洛蒂的自信不仅帮助自己圆了作家梦，而且促成了两个妹妹的成功。

她14岁时上学。那时，她的爱尔兰口音很重，衣着寒酸，长得也不漂亮，还是严重近视，这些都是同学们嘲笑的对象。但是在课堂上、在集体活动中，她不失时机地表现自己的优势。同学们很快就发现，这个瘦骨伶仃的穷丫头，她的学识、想象力和聪明才智是所有人都望尘莫及的。她以优异的成绩连续三个学期获得校方颁发的银奖，并获得一次法语学习奖。渐渐地，她得到了同学们的尊重，还交了几个好朋友。

而她的妹妹艾米莉则无法适应学校的生活，她入学时17岁，比别的同学大得多，个子也比别的同学高，除此以外，她遇到的问题和夏洛蒂当初遇到的一样。她被孤立、被嘲笑。日日夜夜与这些人生活在一起，成了她的噩梦，并使她感到耻辱。她打心眼里瞧不起这些奚落自己的人，知道他们是一些平庸的人，不如自己聪明，但她不会像夏洛蒂那样主动证明自己。她根本不和同学们来往，也就根本不能展示自己的才华。她连一个朋友也没有。在学校熬了三个月，她就回家了。

夏洛蒂的弟弟布兰威尔的情况更糟，他被送到伦敦皇家美术学院学习，在这里，他连起码的自信都丧失了，因为比他画得好的同学多的是。在家里，他以为自己是世界上最有才华的，而现在，他怀疑自己根本没有绘画的天赋。在花光了所有的生活费后，就灰溜溜地回家了。情绪好转以后，他又拾起了画笔，但是每当他看到别人的作品比自己的好时，就又把自己全盘否定了，在沮丧心情的笼罩下开始重新考虑前途。就这样，他一会儿画画，一会儿写小说，但是一件事也没干成。

而此时的夏洛蒂正在自己的人生道路上坚韧地跋涉。毕业以后，她成了母校的老师，但时间长了，她发现自己根本不喜欢这个职业，也懒得应付那些调皮捣蛋的孩子。

于是，她笃定了从事文学创作的志向——要靠写作挣钱、挣脱命运的桎梏。当她向父亲透露这一想法时，父亲却说："写作这条路太难走了，你还是安心教书吧。"于是，她给当时的桂冠诗人罗伯特写信，两个多月后，她日日夜夜期待的回信这样说："文学领域有很大的风险，你那习惯性的遐想，可能会让你思绪混乱，这个职业对你来说并不合适。"但是夏洛蒂对自己在文学方面的才华太自信了，不管有多少人在文坛上挣扎，她都坚信自己会脱颖而出。

她忙里偷闲地从事创作，现在她不像小时候那样纯粹为自娱而写作，她要让作品出版。这期间，两个妹妹仍然在自己笔下的幻想王国中自得其乐，既没想到出版也没想到发表。那个弟弟曾经梦想当画家，却有一颗善于自我打击的脆弱而敏感的心，在一次次自寻烦恼之后失去了自信，并堕落为一个酒鬼、烟鬼。

在夏洛蒂的鼓动下，姐妹三人自费合出了一本诗集。据说这诗集只卖了两本。但夏洛蒂没有气馁，她先后写出了长篇小说《教师》《简·爱》，与此同时，艾米莉写出了《呼啸山庄》，安妮写出了《阿格尼斯·格雷》。

这些书的价值，现在已经有目共睹了。如果没有夏洛蒂的自信心和不懈的努力，她们或许直到今天都不为人所知。

坚强的自信，乃是成功的无尽源泉。一个人所能取得的成就，不可能超出他的自信所达到的高度。一个平凡的人，如果他有非常顽强的自信心，那他一定可以干出一番惊天动地的业绩。

罗斯福夫人艾莉洛出身名门，照理说应该是个非常自信的女孩子，其实情况不然。正因为家中美女如云，她的母亲、婶婶个个都是社交界名媛，相形之下，她一直认为自己是个笨拙的丑小鸭，长相平凡，谈吐羞涩，又不会跳舞、不会溜冰，简直是一无是处。她终日就生活在这种充满自卑感以及他人的阴影之下。

直到有一天，在一次圣诞节的舞会里，有一位年轻人走上前来对她说："我能请你跳支舞吗？"就从这一次邀请之后，忽然便有许多年轻人纷纷来邀她共舞。而那第一位邀她共舞的年轻人，就是美国政坛知名的人物富兰克林·D·罗斯福。

艾莉洛的自卑与自信，只在一线之间。在那一刻，相信她的长相没变、装扮没变，变的是她因为自信而导致脸上不同的光彩，因为自信是最好的美容圣品。一句话、一个邀请，便改变了艾莉洛的一生。

人生感悟

其实，只要了解自卑与自信仅有一线之隔，我们也一样可以改变自己的一生。

用信念提升自我价值

成功总是与困难为伍，当信念在困难面前退缩时，哪怕目标近在咫尺，成功也会遥遥无期；当信念把困难征服时，成功就会降临到你的面前。

一个人的一生需要面对许多机遇和挑战。要想挑战，就要鼓起勇气，坚定信念，并沿着自己的理想和信念坚定地走下去，才可以得到好的成绩。

随着《哈利·波特》风靡全球，它的作者和编剧J·K·罗琳成了英国最富有的女人，她所拥有的财富甚至比英国女王的还要多。然而，她也曾有过一段穷困落魄的历史，而她的成功恰恰在于她坚持自己的信念。

罗琳从小就热爱英国文学，热爱写作和讲故事，而且她从来没有放弃过。大学时，她主修法语。毕业后，她只身前往葡萄牙发展，和当地的一位记者坠入情网并结婚。

无奈的是，这段婚姻来得快去得也快。婚后，丈夫的本来面目暴露无遗，他殴打她，并不顾她的哀求将她赶出家门。

不久，罗琳便带着三个月大的女儿杰西卡回到了英国，栖身于爱丁堡一间没有暖气的小公寓里。

丈夫离她而去，工作没有了，居无定所，身无分文，再加上嗷嗷待哺的女儿，罗琳一下子变得穷困潦倒。她不得不靠救济金生活，经常是女儿吃饱了，她还饿着肚子。

但是，家庭和事业的失败并没有打消罗琳写作的积极性，用她自己的话说："或许是为了完成多年的梦想，或许是为了排遣心中的不快，也或许是为了每晚能把自己编的故事讲给女儿听。"她每天不停地写呀写，有时为了省钱省电，她甚至待在咖啡馆里写上一天。

就这样，在女儿的哭叫声中，她的第一本《哈利·波特》诞生了，并创造了出版界的奇迹。她的作品被翻译成35种语言，在115个国家和地区发行，引起了全世界的轰动。

罗琳从来没有远离过自己的信念，并用她的智慧与执著获得了巨大的财富。即使她的生活艰难，她也坚信有一天她必定会到达事业的顶峰。

相反，一个没有信念，或者不坚持信念的人，只能平庸地度过一生；而一个坚持自己信念的人，永远也不会被困难击倒。因为信念的力量是惊人的，它可以改变恶劣的现状，形成令人难以置信的圆满结局。

有一位伟人说过："任何时候都没有理由丧失信心，只要事情还在继续，成功就不是幻影。"

坚定的信念可以帮助我们克服重重困难，跨过种种阻碍，促使我们付出积极努力的行动。如果一个人对成功的信念不够坚定，那么他就会在充满困难和阻碍的现实面前缩手缩脚，很难到达成功的彼岸。

人生感悟

作为梦想成功的人，我们应该拥有坚定的信念，相信自己总有一天会走向成功，因为我们每天都在为了目标的实现而坚持不懈地努力奋斗。只要坚定信念并不断付出，成功就一定会属于你。

永远别认为自己一无是处

卡耐基说过这样一句话,如果你要的是二流或三流的,你就不会去寻找获得一流事物的方法,你也就永远与一流事物无缘。如果你坚持要最好的,你会留心观察一流事物,模仿一流的表现,探寻一流的解决方法。

一位赛车手在比赛中得了第二名,他非常兴奋地跑回家,想把这个好消息告诉妈妈。他冲进家门叫道:"妈妈,有35辆车参加比赛,我得了第二名!"

"这值得高兴吗?要我说——你输了!"母亲回答道。

"妈妈,你不认为第一次就跑第二名是很了不起的事吗?而且有这么多辆车参加比赛。"他抗议道。

"你用不着跑在任何人后面。如果别人能跑第一,你也能!"母亲严厉地说。

这句话深深地刻进了儿子的脑海。

在接下来的几十年中,他称霸赛车界,成为运动史上赢得奖牌最多的赛车选手。他就是理查·派迪。

理查·派迪的许多项纪录到今天还保持着,没人能打破。几十年来,他一直没有忘记母亲的责备——你用不着跑在任何人后面。母亲的这句话让他明白了一个道理,那就是一个人要不断地鼓励自我:"我是最棒的!"

我是最棒的!这句话表现的是一个人的心态,这种心态非常重要。因为态度决定成败,只有勇于尝试,行动才会有力量。

在生活和学习中,人们经常会遇到困难和挫折,而失败后的态度会决定所能取得的成就。

很多人不敢去追求成功,不是追求不到成功,而是因为他们认为成功是不可能的,是没有办法实现的。这样,就因为害怕去追求成功而不得不忍受失败者的生活。

哈佛大学的罗森塔尔博士曾在美国加州一所学校作过一个著名的试验。新学年开始时,罗森塔尔让校长把三位教师叫进办公室,对他们说:"你们是本校最优秀的老师。"

因此，我们特意挑选了100名全校最聪明的学生组成三个班让你们教，希望你们能让他们取得更好的成绩。"校长又叮嘱他们，不要让孩子或孩子的家长知道他们是特意挑选出来的。

一年之后，这三个班的学生成绩果然排在整个学区的前面。这时，校长告诉了老师们真相：这些学生只不过是随机抽调的最普通的学生，而他们也不过是随机抽调的普通教师罢了。

这个结果正是博士所预料的：这三位教师都认为自己是最优秀的，并且学生也都是高智商的，因此对教学工作充满了信心，工作自然非常卖力，结果也非同一般。

人生感悟

正如拿破仑·希尔所说："记住，你唯一的限制就是你自己脑海中所设立的那个限制。"可见，事情发生与否并不完全取决于我们的主观判断，我们认为不可能的事情往往会变为可能。每种事情都有发生的可能，我们千万不要认为自己一无是处。

成功与失败之遥在于信念

一个人若是成功了，那么在谈到成功经验时，他可能会说出很多，但要是失败了，那原因可就不多了。世界上有20%的人是富人，而有80%的人是穷人，原因在于，成功与失败之间一步之遥，那就是信念。

信念是坚定的认知。心理学认为，信念是一种需要，它是激励人按照自己认为正确的观点、原则去行动，去实现目标的一种强大的内在力量，比如"我一定会创业成功"。这个解释可能还会让你把信念和"想法"、"愿望"、"念头"等近义词混为一谈，其实，信念与它们的最大区别就在于它的坚定性和不可动摇性。

打个比方，"我想创业"或者"我要创业"这仅仅是个念头或者愿望，是信念的最初形式。只要当它们有了强大的力量支撑，转化为"我一定会创业成功"的时候，信念才算真正产生。认识到了这一点，我们才能更好地理解为什么信念会有如此大的作用。

对于每个独立的个体来说，树立并坚持信念，是生命中可贵的精神财富。不管目前的生活状况有多么糟糕，不管你的薪水低得多么难于启齿，不管创业之路遭到多少冷遇，也不要怀疑你的信念。有了它的指引，你就能在矛盾中摆正心态，在失落中重新定位，才能"百尺竿头，更进一步"。

有一位汽车销售员，由于不敢主动向顾客推销，只要顾客一拒绝就马上退缩，因此他的销售业绩始终是最差的，他的收入也就无法和其他的销售人员相比。由于收入始终不见好转，慢慢地，他的经济压力越来越大。如果他的收入再不改善，可能就会陷入经济困境。

生活的压力很大，他不得不去学习有关的销售技巧，希望情况有所改观，但他的销售业绩依然未见起色。

一天早上，当他正吃早点时，望着手中拿着的面包，脑海中忽然闪过一个念头："我如果再不能提升我的业绩，增加我的收入，我连面包都没得吃了，那些来买汽车的顾客其实就等于我手中的面包啊！我能多争取到一位顾客就等于多一块面包。每天都有面包自己送上门，不需要去外面找，我为什么还退缩，不好好把握呢？"

就因为想法这么一变，这位汽车销售员的态度、做法便和以往有了根本的改变。每当有顾客上门时，他总是积极主动地为顾客介绍各种车辆的性能，并告诉顾客有关车辆的常识，让顾客有全然不同的感受。

即使顾客没有购买汽车，他也是很客气地请他们留下资料，并亲切地送顾客离去。顾客们感受到他这种亲切的态度，也都很乐意留下他们的资料，并允诺只要他们买车，一定会来找他。

除此之外，他还经常打电话给那些向他买车的顾客，访问车辆使用的情况，并且免费提供如何保养车子的常识。如果有什么问题没办法解决的，他就会介绍顾客到信誉好、价格公道的汽车修理厂去。他的这种做法让那些跟他买车的人感到很满意，因此，当他询问他们是否有朋友或亲戚要买车子时，这些曾向他买车的人，都十分愿意介绍亲戚朋友向他买车。而对于那些介绍亲戚朋友向他买车的人，他都会送他们礼物以表达谢意。

就这样，他的许多朋友基于相互回报的心态，又会介绍许多新的客户向他买车。如此一来，他的客户便如滚雪球般不断增加，不仅销售业绩节节高升，收入也显著增加，经济压力完全解除，最后还成了有名的汽车销售大王。

可以说，世上所有的成功秘密都贯穿着一根"金线"，这根线可以用

第三篇 ◆ 种下自信的种子

一个词来表达，那就是——信念，正是这一元素在所有那些对成功加以接受并坚持实践的人身上产生奇效，让人们通过精神治疗的方法得以痊愈，让他们攀上成功的阶梯。

麦当劳的创始人雷·克洛克最欣赏的格言是："走你的路，世界上什么也代替不了坚韧不拔的信念。才干代替不了，那些虽有才干但却一事无成者，我们见得多了；天资代替不了，天生聪颖而一无所获者几乎成了笑谈；教育也代替不了，受过教育的流浪汉在这个世界上比比皆是。唯有坚韧不拔、坚定信念，才能无往而不胜。"

持之以恒，是很多成功者的秘诀。偶尔做一件事并不难，但持久地为一个理想、一种信念而作出不懈的努力却是大多数人所欠缺的"本领"。"坚持"这两个字说起来容易，实际操作起来却被太多现实的烦恼所牵绊——一个人的懒惰、意志的动摇、外部的诱因、客观条件的不允许等。因此，如果在任何一个环节上断了这根"金线"，成功就都成了遥不可及的事情。当然，如果你勤奋，有能力、有胆识，从不畏惧通往成功路上的一切困难，那么强大的信念在此时就能给你最大的动力。

通常，人们在勾画梦想的时候往往会依据自己的"能力"，而对能力的判断则来源于以往成功或失败的经验，尤其是失败的经验，会牢牢限制住一个人对自我能力的认定。有人会想，我以前做过某些事情，却没有成功，所以以后也不要再尝试这种类似的事情了。殊不知在这种念头的指导下，梦想往往容易"缩水"。很多人总是驾轻就熟地做"能力范围以内的工作"，不敢去寻求突破点，甚至不敢去企及高远的"志向"，终日庸庸碌碌地生活在小天井里，毫无作为。

人生感悟

　　成功者告诉我们，让信念照进现实，为自己制定明确可行的目标，不仅是为了得到社会认同感，同样也是对自己的生命负责，对自己的人生负责。信念是人们手心中的一块水晶，流光溢彩，闪耀着圣洁的光芒，现实的种种很容易让它破碎。只有精心呵护，才能让自己的人生放射出持久的魅力光彩。

关键时候要有魄力

在机会到来的时候,要及时把握,不然机会一旦失去,再想寻找机会就不太可能了。因此,关键时刻一个人的表现,往往决定了事情的成败。在这个时候,不能退缩,不能无主见,要敢于拍板,表现出非凡的魄力和决策能力。

一个人善于当机立断,有敏捷的思维,才能在复杂多变的情况下,应付自如。艾森豪威尔就是在紧急关头善于当机立断,取得成功的典范。

美国第34任总统、世界反法西斯战争的杰出统帅、五星上将艾森豪威尔,在1944年6月6日诺曼底登陆战前夜,表现出了非凡的当机立断的魄力,使诺曼底登陆战役取得辉煌胜利,从而一举扭转了整个战局,沉重地打击了法西斯势力。

登陆前夕,天气情况恶劣,一直下着大雨,气象学家也不能完全有把握说6月6日就能转晴。如果天气不转晴,那么空降兵将无法着陆,这将会使整个登陆计划失败,使50多万士兵面临牺牲的危险。在众多的将军都表现得迟疑不决的时候,艾森豪威尔当机立断,决定6月6日实行登陆,最终赢得了胜利。

当机立断是用兵者的必备素质,艾森豪威尔是如此,诸葛亮亦是如此。面临危在旦夕的局势,最需要的就是当机立断的魄力。只有镇定自如,临危不惧,才能使对手无懈可击。

229年,诸葛亮兴兵攻魏,大战中马谡却丢失街亭,蜀军吃了败仗,局势很被动。魏兵在大将军司马懿的率领下,对蜀军穷追不舍。诸葛亮毕竟是少有的政治家、军事家,在这危急关头,他一方面将马谡抓捕入狱,以震军威,以严军纪,同时他又冷静地思考对策。他想,以自己的兵力直接迎战司马懿,毫无胜利的希望,如果仓皇逃跑,司马懿肯定继续追杀,可能要当俘虏。

在此千钧一发之际,诸葛亮迅速做出军事布署:急唤关兴、张苞,吩咐他俩各引精兵三千,急投武功山,并鼓噪呐喊,虚张声势;命令张翼引兵修剑阁,以备退路;命令马岱、姜维断后,伏于山谷之间,以防不测。

并命令将所有旌旗隐匿起来，诸军各守城铺。命令将城门打开，每一城门用二十军士，脱去军装，打扮成一般的平民百姓，手持工具，洒扫街道。其他行人进进出出，没有一点紧张的表现。吩咐完毕，诸葛亮自己身披鹤氅，头戴华阳巾，手拿鹅毛扇，引二小童携琴一张，来到城楼上凭栏而坐，然后命人焚香操琴，显得若无其事，安然无恙。

　　司马懿前锋部队追到城下，却不见城内有一点动静，只见诸葛亮在城楼上弹琴赏景，感到莫名其妙，不知诸葛亮葫芦里卖的什么药，不敢贸然前进，便暂停下来，急速报与司马懿。大将军司马懿以为这是谎报，便命令三军原地休息，自己则骑马飞驰而来，要看个究竟。果然，司马懿见诸葛亮坐于城楼之上，笑容可掬，焚香操琴，悠闲自在，根本没有什么恐惧和惊慌的表情，连忙下令退兵。司马懿的二儿子司马昭便对他说："莫非是诸葛亮家中无兵，所以故意弄出这个样子来？父亲您为什么要退兵呢？"司马懿说："诸葛亮一生谨慎，不曾冒险。现在城门大开，里面必有埋伏，我军如果进去，正好中了他们的计。还是快快撤退吧！"于是各路兵马都退了回去。

　　诸葛亮虽然一生不曾弄险，但是在这生死存亡的关键时刻，敢于冒险用计，可见其魄力非凡。设想一下，如果他不是当机立断冒险用计，最后的结果会是怎样呢？说不定蜀国灭亡的时间还会提前。

　　现实生活中，一个人常常会遇到一些不确定的需要冒风险的情况，这就要求你有敢想敢干、敢冒风险的精神和当机立断的拍板魄力。"当断不断，反受其乱"。

　　决断是不能一拖再拖的，它需要在有效的时间地点内完成。否则，正确的决断一旦过了时间就会成为错误的方案。

　　华裔电脑名人王安博士，声称影响他一生的最大教训，发生在他6岁之时。

　　有一天，王安在外面捡了一只小麻雀，他很喜欢，决定把它带回去喂养。王安回到家，走到门口，忽然想起妈妈不允许他在家里养小动物。所以，他轻轻地把小麻雀放在门后，匆忙走进室内，请求妈妈的允许。在他的苦苦哀求下，妈妈破例答应了儿子的请求。不料，等王安出去时，小麻雀已经被一只猫吃了。

　　王安为此伤心了好久，但由此得到了一个很大的教训：只要是自己认为对的事情，绝不可优柔寡断，必须马上付诸行动。不能做决定的人，固然没有做错事的机会，但也失去了成功的机会。

现代社会是信息社会，信息瞬息万变，机会稍纵即逝。尤其是在实行市场经济的今天，市场形势变化多端，就更加需要我们善于抓住机遇，当机立断，取得成功。

但是当机立断不等于盲目冲动地喊打喊杀。正确的分析、判断才是当机立断的首要条件。

人生感悟

面对一件紧急的事情，不能当机立断，是很危险的。你越顾虑越观察，就越拿不定主意。你认为有价值的、对自己有利的，就要快刀斩乱麻地决定下来并付诸行动，认为不符合自己利益的就干脆不干，反正不要优柔寡断。

找到自己就找到了世界

人类使用最多的一个词是"我"，最视而不见的也是"我"。一个看不见自己的人，既不知道自己能做什么，也不知道自己不能做什么。因为看不见自己，就只会崇拜他人，崇拜偶像，而自己就消失在芸芸众生之中。心中没有"我"的人，就不会有个性，也不会有理智的勇气，更不可能有人生的目标。

1947年，美孚石油公司董事长贝里奇到开普敦巡视工作。在卫生间里，他看到一位黑人小伙子正跪在地上擦洗黑污的水渍，并且每擦一下，就虔诚地叩一下头。贝里奇感到很奇怪，问他为何如此？黑人答道："我在感谢一位圣人。"

贝里奇问他为何要感谢那位圣人？小伙子说："是他帮助我找到了这份工作，让我终于有了饭吃。"

贝里奇笑了，说："我曾经也遇到一位圣人，他使我成了美孚石油公司的董事长，你愿意见他一下吗？"小伙子说："我是个孤儿，从小靠锡克教会养大，我一直都想报答养育过我的人。这位圣人若能使我吃饱之后，还有余钱，我很愿去拜访他。"

贝里奇说："你一定知道，南非有一座有名的山，叫大温特胡克山。据我所知，那上面住着一位圣人，能为人指点迷津，凡是遇到他的人都会前程似锦。20年前，我到南非登上过那座山，正巧遇上他，并得到他的指点。假如你愿意去拜访，我可以向你的经理说情，准你一个月的假。"

这位年轻的小伙子是个虔诚的锡克教徒，很相信神的帮助，他谢过贝里奇后就真的上路了。30天的时间里，他一路劈荆斩棘，风餐露宿，终于登上了白雪覆盖的大温特胡克山。然而，他在山顶徘徊了一天，除了自己，什么都没有遇到。

黑人小伙子很失望地回来了。他见到贝里奇后说的第一句话是："董事长先生，一路我处处留意，但直至山顶，我发现，除我之外，根本没有什么圣人。"

贝里奇说："你说得很对，除你之外，根本没有什么圣人。因为，你自己就是圣人。"

20年后，这位黑人小伙子做了美孚石油公司开普敦分公司的总经理，他的名字叫贾姆讷。在一次世界经济论坛峰会上，他作为美孚石油公司的代表参加了大会。在面对众多记者的提问时，关于自己传奇的一生，他说了这么一句话："发现自己的那一天，就是人生成功的开始。能创造奇迹的人，只有自己。"

人生感悟

你如果不能看见自己，那么更不能看见世界，世界也不可能看见你，你找到了自己就找到了世界，你看见了自己，世界也就看见了你。

第四篇

挫折是人生的财富

微笑的人生没有难题

在人生的道路上，挫折、困难甚至绝境是避免不了的，最重要的是要坦然面对，始终以微笑面对人生。因为微笑的人生没有难题，微笑常常具有震撼世界的力量，能让人生所有的苦难如轻烟一般飘散。

在美国衣阿华州的一座山丘上，有一间不含任何合成材料、完全用自然物质搭建而成的房子。里面的人需要依靠人工灌注的氧气生存，并只能以传真与外界联络。

住在这间房子里的主人叫辛蒂。1985年，辛蒂还在医科大学念书，有一次，她到山上散步，带回一些蚜虫。她拿起杀虫剂为蚜虫去除化学污染，这时，她突然感觉到一阵痉挛，原以为那只是暂时性的症状，谁料到自己的后半生就从此变为一场噩梦。

这种杀虫剂内所含的某种化学物质，使辛蒂的免疫系统遭到破坏，使她对香水、洗发水以及日常生活中接触的一切化学物质一律过敏，连空气也可能使她的支气管发炎。这种"多重化学物质过敏症"是一种奇怪的慢性病，到目前为止仍无药可医。

患病的前几年，辛蒂一直流口水，尿液变成绿色，有毒的汗水刺激背部形成了一块块疤痕。

她甚至不能睡在经过防火处理的床垫上，否则就会引发心悸和四肢抽搐——辛蒂所承受的痛苦是令人难以想象的。1989年，她的丈夫吉姆用钢和玻璃为她盖了一个无毒房间，一个足以逃避所有威胁的"世外桃源"。辛蒂所有吃的、喝的都得经过选择与处理，她平时只能喝蒸馏水，食物中不能含有任何化学成分。

多年来，辛蒂没有见到过一棵花草，听不见一声悠扬的歌声，感觉不到阳光、流水和风的快慰。她躲在没有任何饰物的小屋里，饱尝孤独之苦。更可怕的是，无论怎样难受，她都不能哭泣，因为她的眼泪跟汗液一样也是有毒的物质。

坚强的辛蒂并没有在痛苦中自暴自弃，她一直在为自己、同时更为所有化学污染物的牺牲者争取权益。

辛蒂生病后的第二年就创立了"环境接触研究网",以便为那些致力于此类病症研究的人士提供一个窗口。1994年辛蒂又与另一组织合作,创建了"化学物质伤害资讯网",保证人们免受威胁。目前这一资讯网已有5000多名来自32个国家的会员,不仅发行了刊物,还得到美国上议院、欧盟及联合国的大力支持。

在最初的一段时间里,辛蒂每天都沉浸在痛苦之中,想哭却不敢哭。随着时间的推移,她渐渐改变了生活的态度,她说:"在这寂静的世界里,我感到很充实。因为我不能流泪,所以我选择了微笑。"

当灾难降临,人可以努力回避;如果回避不了,可以抗争;如果抗争不了,就得承受;要是承受不了,就哭泣流泪;如果连流泪也不行,可能就只有一种选择:绝望和放弃。可是,辛蒂不同,当她无法流泪时,她选择了微笑!

人生感悟

生活并非是人们想象的那样已由上帝安排定局,如果你不喜欢,一切都可以改变!一个人能够笑对灾难,才能够轻易获得心灵的抚慰。所以,用你的微笑去面对生活中的一切困难,那么一切都会在你的微笑前低头。

从过去的生活中摆脱出来

你在失败和困境时所持的心态,对于你的人生将有决定性的影响。在莎士比亚的戏剧中,凶手布鲁特斯的一段台词正好表现出以消极心态面对失败的情形:在人类的世界里有一股海潮,当涨潮时便引领我们获得幸福;不幸的是,他们的一生都在阴影和痛苦中航行。我们现在就正漂浮在这股海潮上,它对我们有利时,就应该充分把握机会,否则的话,必将在危险的航行中失败。

拿破仑·希尔是美国著名社会学大师。当他还是一个小孩的时候,有一天,他和几个朋友一起在密苏里州西北部的一间荒废的老木屋的阁楼上玩,当他从阁楼爬下来的时候,先在窗栏上站了一会儿,然后往下跳。他左手的食指上戴着一个戒指,当他跳下去的时候,那个戒指勾住了一颗钉子，把他整根手指拉脱了下来。他尖声地叫着，吓坏了，还以为自己死定了。可是在他的手好了之后，他就再也没有为这个烦恼过。再烦恼有什么用呢？他接受了这个难以挽回的争实。现在，他几乎根本就不会去想，他的左手只有四个手指头。

几年前，在纽约市中心一家办公大楼里，拿破仑·希尔碰到一个开货梯的人，拿破仑·希尔注意到他的左手被齐腕截断了。拿破仑·希尔问他少了那只手会不会觉得难过，他说："噢，不会，我根本就不会想到它。只有在要穿针的时候，才会想起这件事情来。"

人们在不得不如此的情况下，常常能很快接受任何一种情形，或者使自己适应，或者整个忘了它。

拿破仑·希尔常常想起荷兰首都阿姆斯特丹一家15世纪的老教堂的废墟上刻的一行字：事情既然如此，就不会另有他样。

一个人在漫长的岁月中一定会碰到一些不快的情况，它们既是这样，就不可能是那样。你也可以有所选择：你可以把它们当作一种不可避免的情况加以接受，并且适应它；或者你可以把你的生活沉浸在忧虑里，最后弄得精神崩溃。

人生感悟

乐于接受已然发生的情况，从中找到自己的出路，这是克服不幸的第一步。

不经历风雨怎么见彩虹

许多人一旦陷入苦难，就会悲观失望，并给自己添上很重的压力，其实这是另一种苦难的开始。在苦难之中放松自己，就能得到另一种东西，因为彩虹总在风雨后。

鉴真大师刚刚遁入空门时，寺里的主持让他做了谁都不愿做的行脚僧。有一天，日上三竿了，鉴真依旧大睡不起。主持很奇怪，推开鉴真的房门，见床边堆了一大堆破破烂烂的瓦鞋。

主持叫醒鉴真问："你今天不外出化缘，堆这么一堆破瓦鞋做什么？"

鉴真打了个哈欠说:"别人一年一双瓦鞋都穿不破,我刚剃度一年多,就穿烂了这么多的鞋子。"

主持一听就明白了,微微一笑说:"昨天夜里落了一场雨,你随我到寺前的路上走走看看吧。"

寺前是一座黄土坡,由于刚下过雨,路面泥泞不堪。主持捻须一笑:"你昨天是否在这条路上走过?"鉴真说:"当然走过,我每天都要走上好几趟。"

主持问:"你能找到自己的脚印吗?"

鉴真十分不解地说:"昨天这路又干又硬,哪能找到自己的脚印?"

主持又笑笑说:"假如今天我让你再在这路上走一趟,你能找到你的脚印吗?"

鉴真说:"当然能了。"

主持听了,微笑着拍拍鉴真的肩说:"泥泞的路才能留下脚印,世上芸芸众生莫不如此啊。那些一生碌碌无为的人,就是因为没有经历风雨,就像一双脚踩在又坦又硬的大路上,所以什么也没能留下。"

鉴真这才恍然大悟,马上穿好瓦鞋去化缘了,在他的身后也留下了一串通向远方的脚印。

鉴真大彻大悟,你又从中悟到了什么呢?

人生感悟

没有经历挫折的人生是不完美丽的人生。我们应该把人生道路上的挫折看成是一种快乐,高兴地去接受。

接受来自苦难的恩赐

谁都不能否认一个事实,很多人正在经历着种种苦难,遭受着种种挫折和打击,这的确是人生的不幸。可是,人们也惊奇地发现,无数杰出的人物都是从苦难中走出来的,正是苦难成就了他们,苦难对于他们来说,是上天的一种恩赐。

下面,我们来结识几位从苦难中站起来的巨人。

被人们誉为"美国无产阶级文学之父"的杰克·伦敦,是一位苦难造就的伟大作家。

据说，列宁在临去世的日子里，总让他的夫人读他最喜欢的短篇小说《渴望生存》。这篇作品正是杰克·伦敦写的，内容是写一个淘金者在疲惫不堪之时与一只病狼的较量。我也很喜欢这篇作品，说着一个简单的故事，却感到一种震撼人心的力量。这也许就是杰克·伦敦的作品特点。

杰克·伦敦于1876年出生在加里福尼亚州一户破产农民家庭里。他才10岁左右，父亲就破产失业了。从这时起，他便不得不分担家里生活的忧愁。他走街串巷当报童，到车站去卸货车，到滚球场帮助人竖靶子……总之，为了活下去，他什么活都干，把挣来的每一分钱全部交给家里。正如他后来说的："差不多在早年的生活中我就懂得了责任的意义。"

14岁，杰克·伦敦小学毕业，进了一家罐头厂当童工。后来又到麻纱厂看机器，到发电厂烧锅炉。在工厂里，他饱尝了资本主义制度下重工生活的苦难：每天在非人的条件下常常要工作十八九个小时，直到深夜11点才能拖着疲劳不堪的身子回家。后来，作家回忆这段生活时，愤慨地说："我不知道在奥克兰一匹马该工作多少钟点？"他说自己成了"劳动畜牲"。

1893年，杰克·伦敦17岁时，受雇到一条小帆船上充当水手，动身到日本海和白令海去捕海狗。海上生活苦不堪言。可是，这次航海却增加了他的见闻，也磨炼了他的意志，成了他后来写作一系列海上故事的生活基础。不久，他因为"无业游荡"被捕入狱当苦工。

出狱后，他刻苦自学。但由于家里一直太贫穷，他直到18岁才上中学。紧接着，又因为生活维持不下去中途退学。1896年，他20岁时，靠自修考上了加利福尼亚大学，可是，只读了一个学期，便因缴纳不起学费退学。失学后，他一面在洗衣店做工，一边开始业余写作，希望用稿费来弥补家用。可是，当时稿费不仅低，而且时常拖欠。有时候，他为了马上得到稿费，甚至要跑到杂志社与出版商干上一架。

后来，杰克·伦敦又随众人到遥远的阿拉斯加去当淘金工人。他历经千辛万苦，由于缺乏营养，劳累过度患了坏血病，几乎使他下肢瘫痪。但是，北方壮丽的自然景色、淘金工人的苦难生活、印第安人的悲惨遭遇，却给他的文学创作提供了丰富的素材。前面提到的《渴望生存》，便是收获之一。

苦难的刺激与磨炼，使杰克·伦敦成为一个具有特殊气质的作家。成为职业作家后，他16年如一日，每天工作19个小时，一共写了50本书，其中仅长篇小说就有19部。他的作品一开始就坚持现实主义的原则，充分表现人的生命的伟大，人同困难的斗争，人处于各种逆境中的反抗，给20世纪初的文坛带来一股生机勃勃的力量。

人们称誉张乐平为大艺术家，可人们并不都知道，他所以路走上艺术道路，竟是由于贫穷驱使的。

张乐平出生在浙江一个穷村子里。父亲是个"穷教书"的，靠一个人的工资养活6口人。根本不够吃穿。母亲只得帮人绣花挣点钱补贴家用。因此，张乐平小时候便常常帮着母亲剪剪纸样，描描图案，艺术生命的幼芽也就是在这种情况下萌芽的。他爱上了美术，可是，父母哪有钱为他买纸、买笔。他的"画纸"便是海边的沙滩，"画笔"是岸边的芦柴。小学老师喜欢他爱画画，教他画过讽刺"贿选总统"的漫画。这成了他的"处女作"。

家里实在太穷了，张乐平15岁时就被迫离开家乡到南江县一家木行当字徒。人格的侮辱，累活的重压，逼得他多次想逃出苦海。其实，即使他不逃，人家也要赶他走——主要是由于他太爱画画了。

在木行时，没有零花钱，无法买画纸。张乐平想了个窍门：老板吸水烟让他卷纸媒，他就在纸媒上画画，旁边留一条空白卷在外面。可是，这种伪装被老板发觉了。一次，因为张乐平画画时涂得墨汁太多，老板吹不着纸媒，打开看见上面有画，气得揍了他一顿。狠心的老板还把点着火的纸捻子烫张乐平的手。又一次，是个大热天的晚上，张乐平点着油灯关在小屋里学画画，蚊子围着他的光脚嗡嗡地转。为了躲避蚊子咬，他找来两只肚大口小的坛子，把双脚藏进坛里继续画画。谁知，老板提早回来，突然敲门。

张乐平心一慌，忘记了两脚还在坛里，就起身去开门，扑通一声，人倒坛破。老板见他又在偷偷学画，还打破他的坛子，飞起一脚把张乐平踢倒在破坛的碎片上，后脑勺磕破了，鲜血直流。后来那块伤疤一直留在头上。很快，老板把他赶了出来。

以后，张乐平又到印刷厂当过学徒工，做过小生。有一段时间他穷困潦倒，还摆过饭摊，靠卖上海饭菜为生。现在，他还保存着当时一幅自画像《携家流徒图》。

画中的他，衣衫褴褛，满面胡碴儿，东奔西波。但是，他最喜欢的还是给孩子们画像。因为爱画画，他三次被老板赶出来，不断停生意，不断换主顾，连自己的肚子都混不饱。

1935年，张乐平开始画三毛。1947年秋，他开始创作《三毛流浪记》。张乐平曾感慨地说："我就是在苦水中泡大的三毛！"

如果，我们再看看一些作家的经历，也不难发现，他们最成功的作品，往往正是他们与自己苦难体验的作品。譬如高尔基的《童年》、《在人间》、《我的大学》三部曲，就是一个很典型的例证。

人生感悟

经历苦难是一种痛苦，因为苦难常常会使人走投无路，寸步难行，苦难常常会使人失去生活的乐趣甚至生存的希望。有过苦难体验的人，都不会忘记在生活泥潭里奋力挣扎的情景。但当你战胜苦难之后，这由苦难带来的痛苦往往也会变为千金难买的人生财富。

如果你正在经受苦难的考验，请记住：接受来自苦难的恩赐。

全力以赴，抓住机遇

有的人并不是没有成功立业的机遇，只因其不善抓机遇，所以最终错失了机遇。他们做人好像永远不能自主，非有人在旁扶持不可，即使遇到一点小事，也得东奔西跑地去和亲友邻人商量，同时脑子里更是胡思乱想，弄得自己一刻也不得安宁。于是越商量越拿不定主意，越东猜西想越是糊涂，就越弄得毫无结果，不知所终。

没有判断力的人，往往会使一件事情无法开场，即使开了场，也无法进行。他们的一生，大半都消耗在没有主见的怀疑之中，即使给这种人成功的机遇，他们也永远不会达到成功的目的。

对于一个具有阳光心态的人来说，他具有当机立断、把握机遇的能力。只要把事情审查清楚，计划周密，他就不再怀疑，而是立刻勇敢果断地行事。因此，任何事情只要一到他手里，往往就能够随心所欲，大获成功。

在行动前，有的人总是提心吊胆，犹豫不决。如果你也遇到了这种情况，首先你要问自己："我害怕什么？为什么我总是这样犹豫不决，抓不住机会？"在成功路上奔跑的人，如果在机遇来临之前就能识别它，在它消逝之前就能果断地采取行动占有它，那么，幸运之神就已来到你的面前了。

我国第一个乒乓球世界冠军容国团说过一句格言："人生能有几回搏。"这是他在打世界冠军的那一场球赛时说的。因为他们的机遇太明显了，就是冠亚军决赛，打赢了就是世界冠军。这种机会并不多，所以人生能有几回搏，他拼了，因此他得到了世界冠军。

《孙子兵法》中有很多方法教我们在战争中如何创造机遇。就拿过去红军的运动战来说吧。当时红军处于弱势，装备差、人数少；国民党军处于优势，装备好、人数多。如何打呢？打运动战。运动战就是靠两条腿跑，没有好机会就不跟你打，跟你转圈跑，跑到你出现漏洞，那么我的战机就来了，我马上就打。运动战就是军事上创造机遇的好例子。

有一种谬误：不作决定，不会犯错。要求永远不犯错，正是什么也做不成的原因。生活的经验告诉我们，即使是错误的选择，也比不敢选择强。错误的选择，还有改正的可能，而对于不敢选择的人来说，机遇永远与他无缘。

美国总统林肯，在他上任后不久，有一次将6个幕僚召集在一起开会。林肯提出了一个重要法案，而幕僚们的看法却并不统一，于是7个人便热烈地争论起来。林肯在仔细地听取了其他6个人的意见后，仍感到自己是正确的。在最后决策的时候，6个幕僚一致反对林肯的意见，但林肯仍固执己见，他说："虽然只有我一个人赞成，但我仍要宣布，这个法案通过了。"

表面上看，林肯这种忽视多数人意见的做法似乎太过于独断专行了。其实，林肯已经仔细地了解了其他6个人的看法，并经过深思熟虑，最后才认定自己的方案最为合理。而其他6个人持反对意见，只是一个条件反射，有的人甚至是人云亦云，根本就没有认真考虑过这个方案。既然如此，他自然应该力排众议，坚持己见。因为，所谓讨论，无非就是从各种不同的意见中选择出一个最合理的，既然自己是对的，那还有什么可犹豫的呢？

当我们面对一些难以取舍的问题时，慎重考虑当然是必要的，但是不能犹豫不决。因为一个人的精力和才智是有限的，犹豫徘徊、患得患失，其结果只会浪费生命。《纽约时代》杂志上曾刊登过这样一个故事。有一个自称"只要能赚钱的生意都做"的年轻人，在一个偶然的机会，听说市民正为缺乏便宜的塑料袋盛垃圾而抱怨，他立即进行了市场调查。通过认真预测，认为有利可图，于是马上着手行动。很快，他就把价廉物美的塑料袋推向了市场。结果，靠那条别人看来一文不值的"垃圾袋"的信息，两星期内，这位小伙子就赚了4万块。

人生感悟

机遇是一位神奇、充满灵性，但性格怪僻的天使。它对每一个人都是公平的，但绝不会无缘无故地降临。只有经过反复尝试，多方出击，才能寻觅到它。

对失败说"你好"

人不做事则已，只要做事，就难免会遭受到挫折——做大事遭遇大挫折，做小事遭遇小挫折。如果做事能始终得心应手、一帆风顺，那就是成功——大事大成功，小事小成功。只有那些什么事都不做的人，才永远不会成功。

从表面上看，挫折就是失败，然而进一步探讨的话，你会发现，挫折对你有益而无害。人要懂得一些道理，光靠说教是不够的，还必须经过实际的挫折才会有切身的体会。

然而，有的人在遭遇挫折时，往往不是自己先设法应付，而只想到是否可以求救——让别人来冲锋，自己坐享其成。像这样做事的人，虽然已经遭受了挫折，却和未遭受挫折时一样：他的生活还是安适顺当的，不必苦其心志，不必劳其筋骨，也不必饿其体肤，横于虑、困于心。因此，他的生活经验一点也不会丰富，即使能够成功，这成功也是很不稳固的。

当有的人遭到挫折而又没有后援可以求救时，他就不得不自己去应付。然而，他却是这样一种人：一面应付，一面却感到棘手的苦痛，于是就发牢骚，认为自己生不逢时，人为其易，我为其难，于是奋斗精神就打了很大的折扣。这样一来，小的挫折他或许还能勉强应付，而大的挫折他就一定应付不了。

有的人在遭遇挫折时，把自己的能力估计得太低，把挫折估计得太高，因此心慌意乱，不敢与之奋斗，一遇到挫折就立即竖起白旗，自愿投降。他认为前面的路既然走不通，倒不如向后退去，与其前进玉碎，不如退后瓦全，以保存实力。于是，他的人生只有采用"混"字诀，混到哪里算哪里。抱着这种人生态度，还有什么成功可言？结果只能做别人的附庸，受人支配，受人指挥，做些无关紧要的工作罢了！

有的人遭遇到挫折后，往往只会发脾气，而不想想如何应对，一味顶撞、奸勇斗狠，不计得失，不问成败。什么曲线战术、迂回战术，什么侧击包围、掌握要领，他概不注意，只知固执不化，蛮干到底。结果是小事变大事，大事变成不可收拾的局面。

有的人在遭遇到挫折时，一面应付，一面忍耐，但并不是想立即解决困难，而是努力维持现状。他认为自己已经无法控制空间，只好控制时间，他深信挫折会随时间而产生变化，等变化有利于他的时候，挫折自会化为乌有。这种长期应付的办法，在绝对劣势的局面下，的确是种很好的战略，但是在均势局面上，便不需要这种旷日持久的笨办法了。一味拖延，便不能把发展的趋势控制在自己的手里，单单控制时间，稍有不慎，就会养成贻患，铸成大错！

这些人就是可怜的"阴影先生"，他羡慕英雄的成就，希望自己能够像英雄一样，但当困难降临到他身上的时候，他便不知所措，只会向挫折求饶，自怨自艾，却没有想过，只要再坚强一些，其实他也可以成为巨人。

当"阴影"先生跌倒时，就再也无法爬起来。他或者躺在地上骂个没完，或者跪在地上准备伺机逃跑，以免再次受到打击。但是，"阳光"先生的反应却跟他截然不同。当"阳光先生"被打倒时，他会立即反弹起来，同时会汲取这个宝贵的经验，立即往前冲刺。

如果把"阴影"先生拿来跟"阳光"先生，你会发现，他们各方面的背景都很可能相同，只有一个例外，就是在遭遇挫折时的反应大小不同。

实际上，遭遇挫折的原因无非是自己还有缺陷。对于一个拥有阳光的人来说，在这种情况下，唯一能做的不是抱怨，而是尽量地完善自己，把自己完善到足以让人接受、使人认同的程度。这样即使遇到困难也能克服，遇到关卡也能越过，绝对不会在遇到挫折时再次陷入困境中不能自拔。勇敢地与失败握手，才能认识失败；坦然地面对失败，才能解决失败带来的问题。当失败来到我们面前时，让我们像"阳光"先生那样，对它说声"你好"吧！

爱迪生就是一位"阳光"先生，他的每一项发明都是与失败握手言欢的结果。他曾长期埋头于一项发明中，一位年轻记者问他："爱迪生先生，

第四篇 ◆ 挫折是人生的财富

你目前的发明曾失败过1万次,你对此有何感想?"爱迪生回答说:"年轻人,因为你人生的旅程才起步,所以我告诉你一个对你未来很有帮助的道理:我并没有失败过1万次,我只是发现了1万种行不通的方法。"

据爱迪生估计,他发明电灯时,共做了14000次以上的实验。虽然他发现许多方法都行不通,但还是继续做下去,直到发现了一种切实可行的方法为止。他证实了大射手与小射手之间的唯一差别:大射手只是一位继续射击的小射手。

根据中外名人的经验,对失败保持健康的心态应当把握以下四条阳光原则:

一、每个人都会面临困难

奋斗的人总会遇到失败的危险,努力拼搏就会有烦恼。取得成功,固然可以带来喜悦,但经验证明,抵达终点的人往往比那些正在奋斗的人有更多的烦恼。因此,人人都有烦恼,企求没有烦恼的生活,根本就是一种自欺欺人的想法,追求这种没有烦恼的生活,只能是徒耗生命而已。

二、每个难题都孕育着机会

任何问题都隐含着创造的机会。问题的产生是成功的发端和动力,问题的产生总是为某些人创造机会。一个人的困难可能就是他的机会。只要抓住机会,努力拼搏,就能取得成功。

三、关键在于态度

你不能够控制潮流的趋势,但是你能够控制自己的反应,能够决定自己对待问题的态度。你的反应能使你遭遇的痛苦更加剧烈,也能使它立刻减轻。你如何反应,关键在于你的态度。你的反应可以使你变得更坚强或者更软弱,也可以决定你的处理结果是成功还是失败。归根结底,你的态度决定一切。

四、以积极的心态面对难题。

强者能够胜利,是因为他们在面临困境时,总是采取积极的态度。他们会选择机会,积极解决,促进思考,激励奋斗。

人生感悟

如果你想培养一种实现成功的习惯,那你必须首先拥有一种向失败问好的阳光心态。

敢于冒险

人在每一天都面临着冒险，除非我们永远停在一个点上不动。当我们横穿马路的时候，实际上总是有着被车撞倒的危险；当我们在海里游泳的时候，也同样有着被卷入逆流或激浪中的危险。尽管统计数字表明，坐飞机比乘汽车要安全一些，但我们的每一次飞行仍然包含着冒险，毕竟我们必须依赖于飞机牢固的构造及其良好的性能。如果不是由自己驾驶的话，我们还必须寄希望于飞行员和整个机组。总之，到任何地方去旅行都潜藏着危险——小到丢失自己的行李，大到作为人质被劫持到世界某个遥远的角落。

自有文字记载以来，冒险总是和人类紧密相连。虽然火山喷发时所产生的大量火山灰掩埋了整个村镇，虽然肆虐的洪水冲走了房屋和财产，但人们仍然愿意回去继续生活，重建家园。飓风、地震、台风、龙卷风、泥石流等自然灾害，都无法阻止人类一次又一次勇敢地面对可能重现的危险。

对于有的人而言，当冒险结果不太令人满意的时候，他常常会这样告诉自己："是的，还是躺在床上保险。"而"阳光"先生则不然，他有着千帆竞发敢先行的勇气，他不在乎前方是惊涛骇浪还是风平浪静，只要认准了，他就会一往无前。

如果你想做一个冒险者，如果你渴望成功，那你就应该分清这两种类型的冒险之间究竟有着什么样的差异。一位成功的推销员指出："举例来说，那种只在腰间系一根橡皮绳，就从大桥或高楼上纵身跳下的做法是一种愚蠢的冒险——即使有人很喜欢那样做。同样，所谓的特技跳伞，所谓的钻进圆木桶漂流尼亚加拉大瀑布，所谓的驾驶摩托车飞越峡谷，在我看来，它们都是愚蠢的冒险，只有那些鲁莽的人才会干这种事情。尽管我知道有人不同意我的看法（包括杂技团里表演走钢丝或荡高空秋千的艺术家们）。"

那么，什么是恰当的冒险呢？譬如你走进老板的办公室，要求增加薪水，这就是一种恰当的冒险。你可能会得到加薪，也可能不会得到，但"没有冒险，就没有收获"。

放弃高薪，转做一份收入较低的工作（如果后者有更加光明的发展前景的话），这也是一种恰当的冒险。你也许能找到这样的新工作，也许找不到，也许你后悔放弃了原来的职位。但是，如果你安于现状，你就永远也不会知道你是否可以拥有一个更美好的明天。

在事业或生活的任何方面，我们都需要尝试恰当的冒险。在冒险之前，我们必须清楚地认识那是一种什么样的冒险，必须认真权衡得失——时间、金钱、精力以及其他牺牲或让步。

如果你根本没有仔细想过去冒险，那你就只能待在原地，安于现状：既不后退，也不前进。你的日子很可能会过得跟植物人一样呆板、懒散。

印度前总理尼赫鲁曾说："过度谨慎的策略，是所有策略中风险最大的策略。"拿破仑·希尔则认为过度谨慎的人是这样一种人："喜欢探究所有消极、负面的情况，不注重寻找成功的方法，反而常常考虑和谈论可能会有的失败。熟悉每条通往灾祸的途径，却从不寻求避免失败的计划。总是等待'时机适当'，才将计划和构想付诸行动，结果拖延成了永久的习惯。只记得那些失败者，而忘了成功者。只看见了面包圈中间的空洞，却忽略了面包圈本身。心怀悲观态度，导致消化不良、排泄不畅、自动中毒、呼吸不顺以及脾气暴躁。"

如果洛克菲勒是拿破仑·希尔所说的那类过度谨慎的人，他绝对没有任何可能成为一个亿万富翁——事实上，这个世界上所有的亿万富翁都是喜欢冒险的人，因为他们知道只有拿出自己的勇气，敞开自己的心灵，才能在这个只有冒险家才能成功的世界里有所作为。

霍英东，祖籍广东省番禺市，1922年出生于香港，童年是在舢舨上度过的。他7岁那年，父亲在一场风灾里被巨浪吞噬。本来家中生活就已经非常困难，父亲的早丧更使这个家雪上加霜。霍母为维持生计，靠经营驳艇业养家糊口。虽然收入极为微薄，但霍母仍节衣缩食，想法把3名子女送去读书。霍英东是位聪明勤奋的孩子，他不负母望，12岁那年以优异的成绩考入香港著名的学府皇仁书院。

他读中三那年，卢沟桥事变发生，中国军民奋起抗战。因战乱关系，霍母的驳艇业大受影响，霍英东也被迫辍学。此后，霍英东开始了艰难曲折的创业历程。他曾当过加煤工人，整天卖苦力。日军占领香港时，他又在机场卖苦力。在一次工伤事故中，他被压断了一个手指，后来，工头同情他，安排他做修车学徒。霍英东还做过船上铆钉工人及试糖工人，为了做好这些工作，他长年累月地早出晚归，起早贪晚，光着脚丫去干活。

抗日战争的后期，霍母与几个友人合资开了一间杂货店，霍英东便协助母亲打理店务。霍英东从小就胸怀大志，决心创立自己的事业。为此，他十分注意观察社会，寻找时机。

在抗战结束后的一天，他留意到香港《宪报》上刊登了一则消息，大意是说要将战后剩余物资拍卖。具有冒险精神的霍英东决定参加拍卖活动，收购这些剩余物资然后转卖。眼光卓识的霍英东此举十分成功，从中赢利不少。

霍英东自幼就喜欢冒险，为此他的母亲十分担忧，家里的钱从不让他经手。但霍英东早就认识到，世上万事都是有风险的。风险总是与成功同在的，在经商活动中，同样是风险与赚钱的机会并存。具体地说，经营者在采取某项经营行动时，事先并不能完全预见会产生的结果，只能预测会产生的几种后果，以及每一种后果出现的概率。

事实上，企业经营活动时刻面临着两个方面的风险：一方面是为了追求赢利而准备付出代价；另一方面是为了避免损失而可能失去赢利的机遇。风险有大有小，一般说来，风险越大，它能得到的收益或报酬也越大；风险越小，它能得到的收益或报酬也越小。

20世纪50年代初，正当霍英东自立门户创业不久，朝鲜战争爆发了。当时，一些西方国家出于政治目的，对中国大陆实行禁运。他立刻意识到船运业有利可图。他抓住这个机会，在朋友们的资助下，开始单独经营驳运业务。出于正义感和凭着冒险精神，霍英东果断地将二次大战的剩余物资及药物运到大陆，既支援了中国的抗美援朝及经济建设工作，又从中赚到了一些钱，使霍兴业堂有限公司的业务得到了迅速发展。

朝鲜战争结束后，香港的经济逐步得到恢复和发展。霍英东看清了香港的特殊地位和作用，他敏锐地看到了香港建筑业的潜在机遇。于是，他又冒险率先进军房地产市场。

1954年，他筹建了立信建筑公司，收购和拆除旧楼，同时兴建楼宇。他利用宣传册以及广告推销楼宇，开创售楼花的先河（即楼宇在建筑阶段已开始售卖，收取投资者的订金）。这种带有极大风险的投资活动，使霍英东的财富以几何级数增加。公司创办只有几年时间，便打破了香港房地产的纪录。这些成了他事业发展的基础。今天，他名下的公司大部分都经营房地产生意。他本人是香港地产建筑商会会长，拥有香港70%的建筑生意。

20世纪60年代初期，他又成为了"淘沙"大王。"淘沙"这个行当是香港工商界许多人都不敢干的事，干这行用工多、获利少、赚钱难、风险大。而霍英东却另有高见，他不图一时之暴利，而是看好"淘沙"行业的长远利益。1961年，他从泰国购进了一艘长288英尺（约86.4米）、载重2890吨的大挖泥船，开始了"淘沙"业。他稳妥获利，以少积多，不久就获得了香港海沙供应的专利权，成为香港淘沙业的头号大亨。

中国实行改革开放之初，霍英东亦是不怕风险，率先在中国大陆投资。20世纪80年代初，他联同广东省旅游局投资2亿港元，兴建了中山温泉宾馆，另外又投资兴建了珠海宾馆与广州白天鹅宾馆。

到20世纪80年代后期，他开始开发番禺南沙以东的21平方公里土地，工程包括兴建港口、高尔夫球场、旅游区等，投资额超过100亿港元。1993年，霍英东基金会联同香港粤海集团、陈瑞球（长江制衣厂）与两家中方机构，共斥资2.3亿美元兴建了番禺大桥，各拥有20%的股权。

现在，霍英东家族拥有的企业包括：有荣及霍兴业堂多家公司、澳门旅游娱乐公司（占股40%）、董氏信托（占股30%）、信德船务（占股40%）、东方海外实业（董氏信托控股75%）、信德集团等80多家公司，其中信德集团和东方海外实业是上市公司。

霍英东奋斗了几十年，抓住一次又一次的成功机遇，由一个光着脚丫干苦力活的学徒工，终于创造了他人生的辉煌，实现了他的财富梦想。

人生感悟

害怕改变，不敢冒险的人生难有精彩。

把苦难当作人生的试金石

"跌倒了再站起来，在失败中求胜利。"这是历代伟人的成功秘诀。只有敢于与失败抗争，才有可能巨锻炼非凡的毅力，才有可能打通成功的隧道。曾有位科学家风趣地说："跌倒了不算失败，跌倒了站不起来，才是失败。"

同样，面对苦难我们也应该如此。可以说，苦难是人生的试金石。如果一个人除了生命之外再没有其他的东西，此时就可以清楚地知道他内在的力量到底还有多少？没有勇气摆脱苦难的人，他所有的能力便会消失；只有那些毫无畏惧、勇往直前、永不放弃的人，才会在自己的生命里有伟大的进展。生活告诉我们，心灵怯懦者往往会被苦难打垮，成为生活的弱者，而心灵坚强者则能够坚定地前行，再大的苦难他也会无所畏惧，勇敢面对。

贝多芬28岁的时候，永远地失去了听觉，耳朵聋到听不到一个音符的程度，但是他历经种种磨难，为世界留下了宏伟壮丽的《第九交响曲》。同样，托马斯·爱迪生也是一个聋子，但是他并没有因此放弃发明留声机唱片。为了听到自己发明的留声机唱片的声音，他选择了用牙齿咬住留声机盒子的边缘，进而通过头盖骨骨头的震动，感觉到声响的震动，然后辨别出各种各样的声音。

据说英国有这么一个人，与常人不同的是，他生下来就没有手和脚，但让正常人想象不到的是，他生活得竟然能和常人一样。有一个人因为十分好奇，决定去拜访他，看看这样的一个人是怎么生活的。谁知，见到他之后，他就被这个英国人睿智的谈吐、深刻的思想深深地陶醉了，一时竟然忘记他是一个没有手没有脚的残疾人。

在坚强者的人生词典里，是永远没有"苦难"两个字的，对他们来说，苦难只是人生的试金石而已。如果你拥有无坚不摧、无往不胜的毅力，那么困难与逆境就可以成为人生经验的来源，挫折就可以化作前进的动力，而失败也可以转化为成功，绝望之中也会孕育着希望。具有这样素质的人，则拥有了迈向成功的最大的资本。只要你敢于扼住命运的喉咙，不向困难低头，便能够将一切的不如意化解，将一切的绊脚石踩在脚下。

达尔文曾经被疾病折磨了四十年，但是他试图改变整个世界的观念和科学预想的理想从没有改变过。查理斯·狄更斯一生病不离身，而他却能够在他的小说中塑造一个又一个的健康人物。美国科学家弗罗斯特一生不屈不挠，奋斗了整整25年，最后终于用数学的方法推算出太空星群以及银河系的活动变化，但就是这样的一个人，却是一个盲人，一点也看不见他热爱了一生的美丽的星空。爱默生一生多病，还患有严重的眼疾，但在美国诗歌史上留下了重重的一笔。缪塞尔·约翰生视力衰弱，但他却编纂了全世界第一部堪称伟大的《英语词典》。

世界上有太多这样的了不起的伟人，他们知道，人生的苦难有时候是没有办法避免的，既然没有办法避免，就不如直接面对。如果你的人生苦难已经开始，那么，不要试图逃避和摆脱，那是上帝考验你的开始，能否走过这次苦难，踏出灿烂的人生，关键就靠你自己。何况，如果人生从来就没有经历过苦难，那么这个人也肯定品味不到幸福的滋味。

第四篇 ◆ 挫折是人生的财富

雕刻大师把一块上好的木料雕刻成了一尊神像之后，看到剩余的木料，觉得可惜，就做成了一只庙里的木鱼。

雕刻好的那个夜里，木鱼嘲讽那尊神像说："看看你，受了那么多苦，现在只能端坐在那里，一动也不能动。你看看我，浑身光滑，还能发出清脆的声音，怎么我们的命运会相差那么大呢？"神像对于这样的嘲弄，只是笑而不语，沉默以对。

过了几天，一所香火鼎盛的庙宇住持以高价将神像和木鱼买了回去。安置在庙宇中的神像，日日受到信徒的膜拜，承受香火及三牲的供奉，身份地位尊贵备至。而那只木鱼，则被放在神桌前，随着和尚早晚课的诵经声，不断被敲出规律的木鱼声……

一天夜里，木鱼又开口了，问神像道："为什么我们来自同一块木头，你可以享受供奉，但我却必须天天让那些和尚敲啊敲的，这样是不是太不公平了？"

神像这次终于开口说："在大师完工以前，我所受到的雕琢之苦，当然不是言语可以形容的，当初你不愿意接受刀斧加身，理所当然，今天你我所受的待遇会有天壤之别。"

木鱼依然不甘心地说："我们出身相同，竟然会有今天的差别待遇，哎，我们的命运怎么会相差这么大呢？"

古语云：玉不琢不成器。上帝今天加在你身上的所有的苦难和磨炼，都是为了提升你将来的成就。但是你能否承受得起这份苦难，则决定着你最后会成为神像还是当木鱼。

因此，在苦难面前你应该做的不是心灰意冷、唉声叹气或者自怨自艾，逃避只能让自己后退，而面对才有可能前进。一把锋利的宝剑是经历过千锤百炼之后才锻造而成的，如果为了逃避磨难而躲进角落，那么它将永远是一块锈迹斑斑的废铁。

人生感悟

以积极乐观、顽强不屈的心态面对苦难，苦难会向你举手投降，让你的毅力和决心在事业中放射光芒。屈服于苦难，就会让自己与成功之路背道而驰，与幸福擦肩而过。认命就是在毁灭自己，是金子总要发光，但是只有经过磨炼才会熠熠生辉。

不做困难和挫折的俘虏

做任何事情都不可能是一帆风顺的，既然已经做出了选择，就要敢于面对追求成功过程中的各种挫折，敢于正视挫折，敢于承受别人的嘲笑。当你敢于应对这些挫折，并努力想办法进行解决时，你已经开始踏上成功之路了。

爱尔兰有一位作家克里斯蒂·布朗。他很不幸，少年时就已经是一个四肢都不能活动，只有左脚趾能动弹的残疾人。然而在他短暂的一生中，却创作了五部小说、三本诗集。

布朗一出生就不幸患了严重的瘫痪症，到5岁时还不能走路，不会说话，身体和四肢都不能动弹。父母为他四处求医，但都无济于事。在绝望之中的母亲，一天忽然看见小布朗伸出左脚，用脚趾夹着粉笔在地上画。母亲十分高兴，就开始教他用左脚趾写字，同时还让布朗读了许多文艺作品。

后来，布朗又学会了用左脚打字、画画，并开始写诗作文。当然他在写作时付出了常人难以想象的代价，克服了常人难以想象的困难。他写作时，坐在一张高椅上，把打字机放在地上，用左脚翻纸、打字。终于在1954年出版了第一部自传体小说《我的左脚》，那时他才21岁。

接着，他又出版了另一部自传体小说《生不逢时》。在小说中，他用自己的真情实感，叙述了一个全身瘫痪的残疾人不懈的努力和追求，使文坛为之轰动。这部小说成为国际畅销书，在十几个国家翻译出版。

在挫折和不幸中，布朗没有放弃自己，而是心怀梦想，通过坚持不懈的努力，战胜了人生道路上的挫折，终于成为一位著名的作家。

巴尔扎克曾说："不幸，是天才的晋身之阶，信徒的洗礼之水，能人的无价之宝，弱者的无底之渊。"面对挫折和失败，不同的心态会产生不同的行为和结果。那些抱有消极心态的人，一旦遭遇挫折，就会选择退缩，把失败的原因归结于外在的环境，为自己寻找各种各样的借口和理由，结果他们永远也无法取得成功。而心态积极的人则不同，他们敢于面对各种各样的挫折，不断寻找方法突破自身的局限，努力改变现状。

有挫折才有崛起。在获得成功之前，人们往往会经历很多次的失败，而正是这一次次的磨炼使人们更加镇定、更加坚强、更加自信。原一平是日本著名保险推销员，在他的一生中，遭遇的挫折和失败无数，但是他每次都是用一颗积极的心态来面对，决不轻易放弃，最终取得了巨大的成功。

有一次，原一平准备去拜见一位世界著名公司的总经理，这位总经理是个十足的"工作狂"，很难有空闲的时候，而且不易接近，所以见一面非常困难。考虑了很长时间，原一平决定直接去拜访。

"您好，我是明治保险公司推销员，想拜访一下贵公司的总经理，麻烦您帮我约见一下，谢谢。"秘书脸上挂着职业性的笑容，一看就知道是个训练有素的人，她进去几分钟就出来了，面带歉意地告诉原一平说："不好意思，总经理今天不在，以后您有时间再过来吧！"

原一平无奈，只有离开，但他走出公司的门口时突然又返了回来，微笑着问门口的警卫说："先生，我发现咱们公司的车库里有一部非常漂亮的豪华车，肯定是我们公司总经理的吧？"

"是啊！也只有公司的总经理才买得起那样的车，也只有他才配坐那辆车。"

于是，原一平决定守在那辆车的旁边，等待总经理的出现，可能因为太累了，他竟然不知不觉地睡着了。到他意识到身边有车发动的声音时，那辆豪华轿车已载着总经理扬长而去。

第二天，原一平早早地就到公司守候，但是秘书依旧告诉他说总经理不在。他意识到，直接拜见总经理并不是一件非常容易的事情，于是决定采取"守株待兔"的方法。

一连几天，原一平总是静静地守候着，等待着总经理的出现。工夫不负有心人，当那部豪华的轿车出现时，原一平用最快的速度冲了上去，他一手抓着车窗，另一手拿着名片。

"总经理您好，请原谅我的行为非常鲁莽，但是，我已经拜访过您好几次了，每次秘书都说您不在。无奈之下，我才出此下策，还请您多多原谅。"

总经理连忙叫司机停车，并请原一平到车里进行交谈。最后，总经理向原一平投了保。

原一平曾经说过这么一句话："未曾失败过的人，恐怕也未曾成功过。"在他做销售员的职业生涯中，他曾经经历了无数次的失败和挫折，但是他从不气馁，更没有想过要放弃，在他看来，"失败其实就是迈向成功所应缴的学费"。所以，他敢于面对挫折和可能的失败，百折不挠、积极进取，最终冲出生命的低谷，站在了成功的顶峰。

面对挫折，回避只是一时的解脱，只有敢于面对，努力寻求解决的办法，积极地改变策略才会扭转不利局势。所以，当我们遇到挫折或者遭受失败时，一定要学会换个角度想问题，这样就会使自己从沮丧、绝望中看到希望。

其实，如果把成功的过程比作一把披荆斩棘的"刀"，那么挫折和失败就是一块必不可少的"磨刀石"，为了获得成功，为了快乐地工作和生活，我们一定要学会勇敢地面对挫折的磨砺，让自己越挫越勇。

人生感悟

在成就任何事业的道路上，都可能会跌倒，但是跌倒的并不都是懦夫。所谓懦夫，是那种遭遇挫折不知如何面对、干脆放弃的人，是那种跌倒一次就再也爬不起来的人，而真正的英雄，是在哪里跌倒就从哪里站起的人。强者因挫折而坚强，弱者因挫折而胆怯。只要在前进的道路上勇往直前，就一定能够胜利达到终点。

不要被人生的"苍蝇"和"牛虻"所左右

在人生这个大舞台上，人最难战胜的是自己，最难控制的是自己的情绪。当一个人受到戏弄、打击、侮辱时，往往容易情绪冲动、怒火中烧。在生活中，不能控制好自己的情绪往往是造成人际关系紧张、生活和事业失败的主要原因。

1965年9月7日，世界台球冠军争夺赛在美国纽约举行。路易斯·弗克斯的得分一路遥遥领先，只要再得几分便可稳拿冠军了。

就在最后一场决赛开始不久，他发现一只苍蝇落在主球上，于是挥杆将苍蝇赶走了。可是，当他转身准备击球的时候，那只苍蝇又飞了回来。在观众的笑声中，他再一次扬起手赶走了苍蝇。

路易斯·弗克斯的情绪已经被这只讨厌的小动物破坏了，而且更为糟糕的是，它好像是有意跟他作对，等他一回到球台，苍蝇就又飞落到主球上，引得周围的观众哈哈大笑。

路易斯·弗克斯的心境恶劣到了极点，终于失去理智，愤怒地用球杆去击打苍蝇。不幸球杆碰动了主球，裁判判他击球，因此他失去了一轮机会。

此后，路易斯·弗克斯方寸大乱，接着连连失利，而他的对手约翰·迪瑞则越战越勇，一步步赶上并超过了他，最后夺得了冠军。

第二天清早，人们在河里发现了路易斯·弗克斯的尸体，他因无法接受这样的结果而投河自杀了！

一只小小的苍蝇，竟然击倒了所向无敌的世界冠军！这是一件不该发生的事情。其实，路易斯·弗克斯完全可以采取另一种做法，那就是：击自己的球，不要理睬苍蝇。当主球飞速奔向既定目标的时候，那只苍蝇还站得住吗？

老虎自恃是森林之王，有一天觅食时遇到了一只飞来飞去的牛虻，老虎生气地喝道："不要在我眼皮下打扰我，否则我就吃掉你！"

"嘻嘻，只要你够得着就来吃呀。"牛虻一面嘲笑老虎，一面飞到老虎鼻子上吸血。老虎用爪子来抓，牛虻又飞到虎背上钻进虎皮中吸血。老虎恼怒地用钢鞭一样的尾巴驱赶牛虻，但牛虻不断地转移位置，不停地狠狠叮咬。老虎躺在地上打滚妄图压死牛虻，牛虻立刻飞走了。但没过一会儿，它又回到老虎的鼻尖上。

就这样，这只老虎在和牛虻的搏斗中，活活累死了。

老虎其实也没有必要去在乎一只牛虻，它的烦恼和灾难不是因为牛虻，而是因为它自己。

人生感悟

在通往人生目的地的路途中，一定有很多的"苍蝇"和"牛虻"影响着你。你只要记住自己要做什么，不要在乎这些身外的干扰，掌握好自己的情绪，如此才不至于因小而失大。

低谷的前方是黎明

白天与黑夜总是相伴而行的，有时候可能只差那么一点点，可因为我们选择了放弃，便只能永远生活在暗无天日的阴影之中。这也是为什么有许多人，处于低谷的时候，总是看不到前进的方向，悲观失望地选择了放弃。他们不知道低谷的前方是黎明。只要我们继续前行，我们就能看到前方的希望。

曾任中国女足国家队队长的孙雯在获得"20世纪最佳足球运动员"称号后，回忆进入职业球队的经历时感慨万千："一个人在人生低谷中徘徊，感觉自己支持不下去的时候，其实就是黎明的前夜。只要你坚持一下，再坚持一下，前面肯定是一道明媚的阳光。"

孙雯被父母送到体校学踢足球之前从来没有受过什么正规的训练。因此，进入体校后她的表现并不出色。为此，她的情绪一直很低落。

每个球员踢足球的目标就是进职业队打主力，孙雯也不例外。她的队友已经有不少人陆续进入职业队，而孙雯却始终是那个被挑剩下的。一直对她赞赏有加的教练，总在选人过后委婉地对她说："名额不够，下一次就是你！"

因为这句话孙雯似乎看到了希望，又有了前进的动力，她一次又一次刻苦地训练。

可一年之后，孙雯仍没有被选上。她为自己在足球道路上黯淡的前程感到迷茫，甚至有了离开体校的打算。

教练见孙雯去意已决，只是默默地看着她，什么也没说。然而，在第二天，孙雯却收到了职业队的录取通知书，这令她激动不已。其实，她骨子里还是喜欢足球的。孙雯高兴地跑去找教练，教练对她说："以前我总是说下一次就是你，其实那句话是在安慰你，留给你希望。我是不想打击你，只是希望你能一直努力下去。"

在职业队受到良好的实战训练后，孙雯对自己充满了信心，她很快便脱颖而出，成为了中国女足的一名悍将。

孙雯的事例，不由使人想起被日本人推崇为经营之神的著名企业家松下幸之助。他曾经历过卧病在床、发不出工资的窘境。他在《路是无限宽广》一书中回忆这段日子时说道："只要我们本身具有开拓前途的热忱，从心灵深处拜各种事物为老师，虚心去学习的话，前途依旧是无可限量的。"

为此，松下幸之助还曾说过："别担心，今天过了还有明天，只要生命仍然继续，咬紧牙关撑过去，明天我们就能享受幸福和欢愉。"

在福特工作已32年、当了8年总经理、工作一帆风顺的艾柯卡，突然间被妒火中烧的大老板亨利·福特开除而失业了，艾柯卡痛不欲生，他开始喝酒，对自己失去了信心，认为自己要彻底崩溃了。

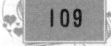

就在这时，艾柯卡接受了一个新挑战：应聘到濒临破产的克莱斯勒汽车公司出任总经理。凭着自己的智慧、胆识和魄力，艾柯卡大刀阔斧地对克莱斯勒进行了整顿、改革，并向政府求援，舌战国会议员，取得了巨额贷款。在艾柯卡的领导下，克莱斯勒公司在最黑暗的日子里推出了K型车的计划，此计划的成功令克莱斯勒起死回生，成为仅次于通用汽车公司、福特汽车公司的第三大汽车公司。

1983年7月13日，艾柯卡把一张面额高达8.13亿美元的支票交到银行代表手里，至此，克莱斯勒还清了所有债务，而恰恰是5年前的这一天，亨利·福特开除了他。

由此可见，身处低谷也是人生的一部分。从古到今，没有一个人敢言，自己的一生是只见彩虹，不见乌云的。人的一生总是在曲曲折折中度过的，当我们遭遇低谷时，不能为身处低谷而感到惶恐，也不能沮丧，更不能消沉，要知道低谷也是人生的一道风景，也是一笔财富。如果我们能勇敢地面对现实、面对自我，就有足够的勇气去挑战一切，战胜一切。

人生感悟

人的一生不可能是一帆风顺的，总有一些坎坎坷坷阻碍我们前进的方向。但希望总在前方等待着我们，当我们遇到困难的时候，继续前行是最好的选择，因为前行能带给我们更多的希望。

在绝境中获得重生

命运如沉浮的波涛，人生则如一叶扁舟，随着波涛的汹涌与平静起伏不定。《百家讲坛》的两位名嘴于丹和康震说过这样一句话："苦难是滚水，但我们可以将它煮成一杯香茶。"这个比喻跟现实很贴切，它道出了苦难对于我们的意义：苦难是放在手中的一杯滚水，它能否成为一杯香茶，关键在于你往里面添加什么佐料。

美国有一名最富有创新精神的工程师约翰·罗布林。1883年，雄心勃勃的他准备建造一座横跨曼哈顿和布鲁克林的大桥。

然而，桥梁专家们却劝他说这个计划纯属天方夜谭，不如趁早放弃。罗布林的儿子华盛顿·罗布林——一个很有前途的工程师，也确信这座大桥可以建成。父子俩克服了种种困难，在构思着建桥方案的同时，也说服了银行家们投资该项目。

不幸的是大桥开工仅几个月，施工现场就发生了事故。父亲约翰·罗布林在这场事故中不幸身亡，华盛顿的大脑也严重受伤。许多人都以为这项工程会因此而泡汤，因为只有罗布林父子才知道如何把这座大桥建成。

尽管华盛顿·罗布林丧失了活动和说话的能力，但他的思维还同以往一样活跃，他决心要把他们父子俩费了很多心血的大桥建成。

一天，华盛顿·罗布林脑中忽然一闪，想出一种用他唯一能动的一个手指和别人交流的方式。他用那根手指敲击妻子的手臂，通过这种密码方式由妻子把他的设计意图转达给仍在建桥的工程师们。

整整13年，华盛顿就这样仅用一根手指指挥工程，直到雄伟壮观的布鲁克林大桥最终落成。

无论是一个人，还是一个国家，不但要勇于承受苦难，而且要善于总结苦难。面对困难时，我们通常有两种可用的方法：

一是靠心态，心态是解决苦难的主观原因。心态是苦难道路上的一丝光明。尽管这丝光明很黯淡，但它可以使人类保持积极向上的精神，因为追求光明是人类的本能。

二是靠知识，知识是解决苦难的客观条件。知识是理性精神的核心，它的作用是帮助人类认识和追求真理。只有认识和了解真理后，我们才不会走冤枉路。

人生感悟

世界上真正的绝境并不存在，如果有所谓的绝境，那也只是我们自己一手造成的假象而已。在绝境中我们的担心与害怕，只会使假象变成打败你的障碍物。因此，我们应把绝境当做前进的基石。

我们能创造生命的奇迹

我们拥有一双眼睛，因而可以看到这个世界的美丽；我们拥有独立的思想，所以产生了无数能够改变世界的思维；我们拥有一双巧手，于是创造出了生命的奇迹。

生命是脆弱的，不屈不挠的精神是强大的。四川大地震的时候，很多人与死神进行了抗战。在这场生死大战中，让我们看到了希望是永不破灭的。人类有自己的梦想、原则和顽强的拼搏精神，从不轻易地向命运低头。

"请问，你们是否看到一位美丽的小女孩？她的名字叫清清。"在四川汶川地震的救助现场，蓥华镇中学初一（1）班的班主任陈全红一直在打听着这个名叫邓清清的女孩子。这个出生贫穷的小女孩，有着一股子上进心，她家里虽然穷，但她的成绩却从来没有让人担心过，甚至还经常在回家的路上，打着手电筒看书，清清的行为总是让这个班主任感动。

每当看到一具具学生的尸体从乱石堆里抬出来时，陈全红都痛心地说："一天前，他们还是活蹦乱跳的，咋一下子就变成了这样呢？"

终于，邓清清被武警水电三中队的抢险官兵救了出来。让陈老师与官兵们感动的是，她在被救出来之前，还在废墟里打着手电筒看书，她说："下面一片漆黑，我怕。我又冷又饿，只能靠看书缓解心中的恐惧。"她的诚实如同她的坚强一样，让听者无不动容。陈全红看到安然无恙的清清被救官兵救出来的那一刻，一下子就哭了，赶紧抱着清清连说："好孩子，只要你能活着出来。就比什么都好。"

与邓清清一样，另一名被压在废墟里名叫罗瑶的女孩子在手脚受伤的情况下，一遍遍地哼着乐曲，靠着顽强的"钢琴梦想"激励自己不要入睡，直到被顺利救出。

这两个小女孩靠着对梦想的执著，在生死关头赢得了生命。

心态可以创造奇迹。美国盲聋女作家和教育家海伦·凯勒在自己聋、哑、瞎的现实面前，也曾抱怨过，放弃过。但在可爱的莎莉文老师的帮助下，她很快就正视了现实，用一种乐观、积极、正确的心态来对待自己的人生，并依靠着自己对生命的渴望和对光明的追求，创造了种种奇迹。

海伦·凯勒说过："假如上帝给我三天光明，我将把这三天分为三个阶段：第一天，我要看人，他们的善良、温厚与友谊使我的生活值得一过；第二天，我要在黎明起身，去看黑夜变为白昼的动人奇迹；第三天，我要在现实世界里，在从事日常生活的人们中间度过平凡的一天。"

与海伦相比，我们是上帝留下的幸运儿，对创造美好的生活，我们有更多的时间和机遇，我们不必奢求光明，也无需奢求声音。对我们来说，身体上的各个组织器官并无缺憾，我们急切需要的是顽强的意志，不向天灾人祸低头的精神，更重要的是保持一颗乐观、勇于创新的心。

人生感悟

生死关头是对我们的心态和毅力的严峻考验，在死神面前，我们一定要牢牢抓住希望之手，哪怕是一丝小小的希望，我们也绝对不能将它放过。

在逆境之中崛起

逆境常常能锻炼人们的意志，一旦具备了钢铁般的意志，成功对于我们而言，也就成为理所当然的事情了。事实上，每一位杰出人物的成长道路都不是一帆风顺的。正是因为他们善于在艰难困苦中向生活学习，磨砺意志，才在最险峭的山崖上扎根成长为最伟岸挺拔的大树，昂首向天。

一位伟人说过：并不是每一次不幸都是灾难，早年的逆境通常是一种幸运。与困难作斗争不仅磨砺了我们的人生，也为日后更为激烈的竞争准备了丰富的经验。

在法国里昂的一个盛大宴会上，来宾们就一幅绘画到底是表现了古希腊神话中的某些场景还是描绘了真实的历史展开了激烈的争论。看到来宾们一个个面红耳赤，吵得不可开交，气氛越来越紧张，主人灵机一动，转身请旁边的一个侍者来解释一下画面的意境。

这是一位地位卑微的侍者，他甚至根本就没有发言的权力，来宾们对主人的建议感到不可思议。结果却大大出乎了人们的意料。这位侍者的解释令所有在座的客人都大为震惊，因为他对整个画面所表现的主题作了非常细致入微的描述。他的思路显得非常清晰，理解非常深刻，而且观点几乎无可辩驳。因而，这位侍者的解释立刻就解决了争端，所有在场的人无不心悦诚服。

大家对这位侍者一下子产生了兴趣。

"请问您是在哪所学校接受教育的，先生？"在座的一位客人带着极其尊敬的口吻询问这位侍者。

"我在许多学校接受过教育，阁下，"年轻的侍者回答说，"但是，我在其中学习时间最长，并且学到东西最多的那所学校叫做'逆境'。"

这个侍者的名字叫做让·雅克·卢梭。他的一生确实都是在逆境中度过的。早年贫寒交迫的生活，使得卢梭有机会成为一个对社会有着深刻认识的

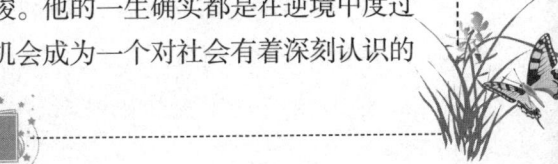

第四篇 ◆ 挫折是人生的财富

人。尽管他那时只是一个地位卑微的侍者。然而，他却是那个时代整个法国最伟大的天才，他的思想甚至对今天的生活仍有着重要的影响。卢梭的名字，和他那闪烁着智慧火花的著作，就像暗夜里的闪电一样照亮了整个欧洲。

就像卢梭说的那样，他这一切伟大成就的取得，莫不得益于那所叫做"逆境"的学校。

"逆境"是最为严厉、最为崇高的老师，它用最严格的方式教育出最杰出的人物。人要想获得深邃的思想，或者要取得巨大的成功，就要善于从艰难困境中摒弃浅薄。不要害怕苦难，不要鄙夷不幸，因为往往是这些不幸的生活造就了一种深刻、严谨、坚忍并且执著的个性。

很多人也许都心存愤懑，也许都在抱怨命运的不公平，抱怨环境对自己的不利影响，那么，读一读英国著名作家威廉·科贝特当年如何学习的事，一定能让你停止抱怨。

科贝特回忆说："当我还只是一个每天薪俸仅为6便士的士兵时，我就开始学习语法了。我床铺的边上，或者是专门为军人提供的临时床铺的边上，都是我学习的地方。把一块木板往膝盖上一放，就成了我简易的写字台。在将近一年的时间里，我很少为学习买专门的用具，我也没有钱来买蜡烛或者灯油。在寒风凛冽的冬夜，除了火堆发出的微弱光线之外，我几乎没有任何光源，而且，即便是就着火堆的亮光看书的机会，也只有在轮到我值班时才有。为了买一只钢笔或者是一叠纸，我不得不节衣缩食，从牙缝里省钱，所以我经常处于半饥半饱的状态。"

"我没有任何可以自由支配、用来安静学习的时间，我不得不在战友的高谈阔论、粗鲁的玩笑、尖利的口哨、大声的叫骂，等等各种各样的喧嚣声中，努力静下心来读书写字。要知道，他们中至少有一半以上的人是属于最没有思想和教养、最粗鲁野蛮、最没有文化的人。你们能够想象吗？"

"为了一支笔、一瓶墨水或几张纸我要付出相当大的代价。每次，揣在我手里的用来买笔、买墨水或买纸张的那枚小铜币似乎都有千斤之重。要知道，在我当时看来，那可是一笔大数目啊！当时我的个子已经长得像现在这般高了，我的身体很健壮，体力充沛，运动量很大。在部队除了食宿免费之外，我们每个人每周还可以得到两个便士的零花钱。我至今仍然清楚地记得这样一个场面，回想起来简直就是恍如昨日。有一次，在市场上买了所有的必需品之后，我居然还剩下了半个便士，于是我决定在第二天早上去买一条鲱鱼。"

"当天晚上,我饥肠辘辘地上床了,肚子在不停地咕咕作响,我觉得自己快饿得晕过去了。但是,不幸的事情还在后头。当我脱下衣服时,我竟然发现那宝贵的半个便士不知道在什么时候已经不翼而飞了!我一下子如五雷轰顶,绝望地把头埋进发霉的床单和毛毯里,就像一个孩子般伤心地号啕大哭起来。"

但是,即便是在这样贫困窘迫的不利环境下,科贝特还是坦然乐观地面对生活,在逆境中卧薪尝胆、积蓄力量,坚持不懈地追求着卓越和成功,最后成为了一名著名的作家。

科贝特艰难的环境不但没有消磨他的意志,反而成为他不断前进的动力。他说:"如果说我在这样贫苦的现实中尚且能够征服艰难、出人头地的话,那么,在这世界上还有哪个年轻人可以为自己的庸庸碌碌、无所作为找到开脱的借口呢?"

人生感悟

有些人虽然出身贫穷,然而,真正杰出的人物,总是能突破逆境,崛起于寒微。艰难的环境既能毁灭人,也能造就人;不过,它毁灭的是庸夫,而造就的往往是伟人!

让成功在失败中崛起

有人说"不曾经历过失败就不是真正的人生",因为失败是人生中不可避免的,而且,只有经历过失败,才会知道什么是成功。在生活中,如果你不曾被失败打倒,反而选择以坚强乐观的态度面对,接受失败并表示感恩,那么你一定可以重新从失败中崛起。

中国有句老话"人生不如意事十之八九",在我们的生活中,失败总是充当着"不速之客"的角色。"自古英雄多磨难,从来纨绔少伟男",挫折是成功者的摇篮,奇迹多在厄运中出现,逆境是达到真理的通路。在经历失败时,我们应该知道,生活是勇气探出来的、闯出来的。英雄的成长,除了要有大无畏之斧,还得有智慧之剑,最终,的成功总是不甘失败的人们的战利品!

玫琳·凯在美国乃至世界都是家喻户晓的,然而在创业初期,她也一样经历了无数次的挫折和失败，不同的是，每一次失败之后，她都能够吸取经验，再接再厉。最终她成了大器晚成的化妆品行业的"皇后"。

20世纪60年代初期，玫琳·凯退休回家。可是过分寂寞的退休生活让她感觉十分无聊，于是她决定冒险进军化妆品行业。深思熟虑之后，她用自己一生的积蓄创办了玫琳·凯化妆品公司。

为了支持母亲实现"狂热"的理想，两个儿子也纷纷放弃自己稳定的工作和丰厚的待遇，加入到母亲创办的公司中来。玫琳·凯知道，这无疑是背水一战，弄不好，自己一辈子辛辛苦苦的积蓄将血本无归，而且还可能会葬送两个儿子的美好前程。

事情果真不如她想象的那么顺利，公司举办的第一次展销会上，只卖出去1.5美元的护肤品。意想不到的残酷失败，使玫琳·凯忍不住失声痛哭。但是哭过之后，她经过认真分析，终于悟出了一点：在展销会上，她的公司从来没有主动请别人来订货，她没有向外发订单，而是希望女人们自己上门来买东西……展销会搞成这个样子，也不足为奇。

商场就是战场，它从来不相信眼泪，而成功也不是哭出来的。玫琳·凯擦干眼泪，从第一次失败中站了起来，在重视生产管理的同时，加强了销售队伍的建设。

经过20年的苦心经营，玫琳·凯化妆品公司由初创时的9名雇员发展到现在的5000多人；由小小的家庭公司发展成一家国际性的公司，拥有一支20万人的推销队伍，年销售额超过5亿美元。玫琳·凯最终实现了自己的梦想。

一位普普通通的退休女工，在经历了人生的无数次失败之后，选择的不是放弃，而是从失败中吸取经验，依旧执著于自己的梦想和追求，相信"阳光总在风雨后"，最终获得了成功之神的青睐。人生的道路上，不要害怕失败，因为每一次的失败都是通向成功的一级台阶，只有无所畏惧、一往无前、坚持不懈的人，才能够在风雨之后看到美丽的彩虹。挫折和失败并不可怕，可怕的是人们在遭受失败之后失去了对成功的追求。

1963年一个冬天的上午，凡尔纳刚吃过早饭，正准备到邮局去的时候，家里来了一位邮递员，他把一包鼓鼓囊囊的邮件递到了凡尔纳的手里。凡尔纳知道，这是他的科幻小说《乘气球五周记》的第15次退稿。每次他都会接到编辑们这样的回信："尊敬的凡尔纳先生，贵稿经我们审读后，不拟采用，特此奉还。某某出版社。"这已经是第15次了，凡尔纳心里一阵绞痛。

他知道，那些出版社的编辑对一些无名的作者向来是看不上眼的。于是他决定从此不再写任何东西。他立即拿着手稿向壁炉投去，这时，他的妻子一把将手稿从壁炉中抢出，并满怀关切地安慰丈夫说："亲爱的，不要灰心，不妨再试一次，也许这次能交上好运的。"沉默了好久之后，凡尔纳终于接受了妻子的建议，又抱起这一大包手稿到第16家出版社去碰运气。

这次，他的希望终于没有落空，这家出版社立即决定出版此书，并与他签订了20年的出书合同。

可能，很多人经历15次的失败，或者是不足15次的失败之后，就会选择放弃，但往往"再试一次"却会带来成功。在这个世界上，是没有什么不可能的，只要有坚定的目标，有"不达目的誓不罢休"的意志，有一颗永不言败的心。

所以，微笑面对失败，不要抱怨生活给予你太多的磨难，也不要抱怨人生旅途中有太多的曲折。大海如果失去巨浪的翻滚，就会失去雄浑；沙漠如果失去飞沙的狂舞，就会失去壮观；人生如果仅求两点一线的一帆风顺，生命也就失去了存在的魅力。微笑着面对失败，把每一次的失败都归结为一次尝试，一次又一次地尝试之后，便会获得成功，这是真理，也是必然。学会改变你的心态，丰富的经历是你人生最大的资本，即使失败，你得到的并不是伤痛，而是对人生的深刻感悟。

人生感悟

纪伯伦曾经说过："当你背对太阳时，你只会看到自己的阴影。"同样，面对人生中的风雨和困境，如果你只看到风雨中阴霾的天空而看不到风雨过后的阳光和彩虹，那么你一定会生活在痛苦和烦恼之中。反之，不管遇到什么难关，你总是不遗余力地去寻找其中的光明面，那么一切的阴霾终将过去，一切的光明、成功、快乐和幸福也终将到来。

培养战胜逆境的意志

著名考古学家谢利曼年轻时在一家公司任职，有了经济基础以后便向自己一直暗恋着的著名影星敏娜求婚，不料敏娜早已和别人订婚。这是他一生中不能挽回的一次情感失败。后来，他依然坚强地走出了这段不愉快的回忆，全身心地积极从事贸易，更加努力地研究语言学，为发掘特洛伊遗迹日夜工作。经历过感情的失败，他并没有倒下，用更坚强的意志投入到商业，他在经商贸易中获得大笔利润，业务蒸蒸日上，不久便成为商界的巨富。但他并不因此稍有懈怠，反而更勤奋地学习古希腊和拉丁语，为实现其少年时代之梦想而坚持不懈地努力着。

42岁时，谢利曼为了能够顺利地发掘特洛伊遗迹做了大量的准备工作。他说："现在我所拥有的财富，已经无比丰厚，表示我从少年时一直梦想得到的果实已经成熟了。回想经商之初，生活虽然忙碌紧张，却一刻也不曾忘记特洛伊遗迹，我有决心一定会达到目标。"

"过去由于经济不宽裕，使得我致力于累积教室，以此作为实现美梦的基础，现在金钱财力对我似乎已经不再成为难题，目标俨然近在眼前，所有的血汗将不会白流。对于经商贸易，我将不再多费心力，我将把后半辈子投入使美梦成真的行动中。"谢利曼无比激动地说："要下这样的决心，所遭遇的困难简直是一言难尽，尽管一次又一次遭受失败的打击，但我总是咬紧牙关去克服，盼望早日达到目标，完成我用一生做赌注的伟大理想。"

谢利曼终于成功地实现了自己的梦想，特洛伊遗迹的出土，标志他为世界考古学作出的辉煌贡献。

处在逆境时，不同的人会有不同的表现。有的人会为脱离逆境而奋斗，有的人却会因无法克服逆境而堕落下去。当然，能成功的一定是面对逆境几乎面不改色，并勇往直前的人，自暴自弃毁灭自己的，必然是向逆境屈膝没有采取任何改变现状的行动的人。

人的性格也并非天生就如此，而是看其所生活的周围环境如何而决定。不管环境怎样变化，只要你能够做到始终认为自己一定要成功，那么最后你一定会成功。凡事应该努力奋斗，否则会被环境压垮，而无法成功，尤其被环境压垮时，人的意志容易消沉。最重要的是，越处在逆境中越要有想挣脱出来的那种强烈意志。法国著名作家福楼拜曾这样激励人们："你一生中最光辉的日子，并非是成功那一天，而是能从悲叹和绝望中涌出对人生挑战的心情和干劲的日子。"

人生感悟

成功仅仅是人们所付出的那些努力的一个成果而已。这个世界上最美的并不是成功，而是能在逆境中保持继续奋斗努力的精神。

用希望点燃生命的激情

据医务人员在临床实验中发现,那些对生命充满信心、对未来充满希望的患者往往比失去信心的病人更容易恢复健康。其实在生活中也是如此,如果一个人对生命或前途失去了希望,也就失去了促使他去化解烦恼、努力奋斗的精神支柱。

埃德加·N·杰克逊是一位非常博学聪慧的老作家,现在和夫人住在佛蒙特州科斯附近的农场里过着隐居的生活。在晚冬一个晴朗的日子,整个农场为覆盖着白雪的田野和树林所环绕,戴维专程去那儿拜访了他。

埃德加·N·杰克逊这位"心灵的医生",多年的写作和教学曾帮助过许许多多身处逆境的人们,现在正不得不用自己的智慧滋养着自己。前些日子,老人因意外地受到了重物的撞击,身体的右半侧失去了知觉,甚至丧失了说话能力。医生的预测是很不乐观的,他们告诉他的夫人:"看来想恢复说话能力是不可能的了。"可是几个星期后,老人不仅又能进行交谈了,而且还决心要获得更多的才能。

埃德加拄着手杖,步履缓慢地起身迎接戴维,但眼神中流露着清晰可辨的生气和活力。他们一起走进书房,只见一大堆新的、旧的书籍排列在书桌周围,桌上除了大量的资料、杂志,还端放着一台文字信息处理机。

得知他的书能对戴维有所帮助时,他显得有些兴奋。戴维告诉他,失败的旋涡实际上仍然使戴维感到悔恨和悲痛,甚至无力自拔。

"现在你需要的就是痛心疾首地反省自己的失败,学会从悔恨和悲伤中寻找安慰。"他接着劝诫戴维:一些人不能从悔恨中超脱,因此无法得到安慰;但是那些真正懂得悲痛的人,就能获得新的灵感和更加充实的信念。

"我带你看一样东西。"他指向窗外远处的光秃秃的糖槭树,那些糖槭树是环绕着那片三英亩的牧场栽种的。他们从边门走出去,踩着嘎吱嘎吱作响的积雪,慢慢走向牧场。

戴维注意到,在每一棵大树之间都有绞扎在一起、锈迹斑斑的、带着铁刺的铁丝网串接着。埃德加告诉戴维:"60年前,这家主人种下了这些树,用来拉铁丝网当作圈围牧场的栅栏,这样就省得挖坑埋桩了。可是,把铁丝网钉进幼嫩的树皮里,确是那些小树的极大不幸。一些树进行反抗,一些树也就接受了，你看这棵，铁丝网已经长进树里去了。"

他又指向一棵因铁丝的伤害已严重畸形的老树："为什么那棵树用损伤自己来反抗，这棵树却接受了铁丝网而不是牺牲自己？"近旁的这棵树丝毫没有那种长长的、看了令人作痛的疤痕；相反，铁丝网就像铁钻一样从树干一头嵌入，又从另一端出现。

"这片老树使我想得很多，"回来的路上埃德加对戴维说，"是内在的力量使老树能够克服铁丝网的损伤，它们不愿让铁丝网葬送掉自己的余生！那么一个人又怎样变不幸为再生的力量，而不是让它成为自己生活的障碍呢？"

埃德加也无从了解发生在糖槭树身上的奇迹，"但对于人来说，我们有勇敢地面对逆境和超越痛苦的途径：为自己保持一个富于朝气和活力的前景，不要害怕别人的怨恨和嘲笑，尽量对自己宽容——这是最重要也是最费力气的了，应该在自己身上花大工夫。我们许多人总是对自己过于苛刻，我觉得我们每个人都应该和自己签订一个条约——忘掉自己那些已经造成了的愚蠢错误吧！"

进屋时，他望着那片糖槭树深沉地说："如果我们能理智地驾驭不幸，如果我们能彻底地反省自己的过失，'铁丝网'就不会得胜，我们就能够克服任何不幸，我们就能够成功地生活下去。"

喝着夫人端来的咖啡，埃德加欣慰地告诉戴维："我不断地给我的生活划出一条新的起跑线，获取新的知识、新的友谊、新的体验。"他兴奋地注视着那台新的文字信息处理机和许多新书：他自己也正在奋斗！虽然半身不遂还时常困扰着他，但他决没有让步。

人生感悟

凡是对生命或生存充满了希望的人，对生活中出现的困难和障碍总是欣然接受；相反，对生命或生存充满了失望的人，一遇困难和障碍，就会选择逃避。你可以把自己的痛苦失意作为退却的借口，但你也可以寻找到复活和再生的道路。每个人都有自己的烦恼，但应该努力奋斗，勇敢地克服一切障碍，让希望点燃生命的激情。

第五篇

能屈能伸是好汉

为人之道就是要善忍

忍，是一种韧性的战斗，是战胜人生危难的有利武器。为什么要提倡"忍"呢？这是根据事物的具体情况来决定的。

秦末汉初，萧何是当时沛县的一个小县吏。但他通达文理，很能办事，曾经到泗水郡去当差，考核名列第一。于是，秦朝的御史想征调他去，后来经过他再三恳求，方才留在沛县。

这时，刘邦在沛县起义，萧何就参加了他的起义队伍。刘邦封他为丞，督办军队的后勤供应。随着响应者的增多，刘邦的军队越来越大，最后刘邦终于攻入了秦朝的京城咸阳。进入咸阳后，诸多将士都争抢金银财物，而萧何却抢先进入秦丞相御史府，把律令图书收藏了起来。萧何知道，只要得到了这些资料，刘邦便可以对天下关塞、户口多少、强弱之处、民间疾苦等情况都了如指掌了。刘邦在楚汉战争中能取得胜利，其实都是这一个非常有利的条件在起作用。

于是，刘邦立为汉王后，便任命萧何为丞相。但是，在当时刘邦居守巴蜀、汉中一带，而汉军将士大多渴望东归，其中逃亡者很多。其中淮阴人韩信也在刘邦军中。韩信原为项羽部下，因项羽没有重用，就投奔刘邦。但刘邦也不肯重用，于是韩信就不辞而别。

萧何知道韩信具有卓越的军事才能，听说他跑了，来不及向刘邦说明，就亲自前往追赶，把韩信追了回来，并推荐给刘邦，拜为大将。韩信拜将后，果然在楚汉战争中立了很大的功劳。萧何月下追韩信，也成为了历史上的一段佳话。

在楚汉战争期间，萧何是以丞相身份留守关中的。他征收粮税，征发士卒，支援前线的汉军作战，帮助刘邦战胜项羽、建立汉朝，都起到了重要的作用。因而，在刘邦平定天下后，论功行赏时，萧何的功劳也最大，封为诸侯。之后，被拜为相国。

此处，萧何在汉初时的另一重大功绩就是制定了律令制度，并执行了与民休息政策。当时民间歌颂说："萧何为法，讲若画一。曹参代之，守而勿失。载其清净，民以宁一。"意思是说，萧何为相，政和法明；曹参继任，坚守不变；与民休息，民得安宁。民间的称颂，也是对萧何最好的评价。

但是，即便是这样一个生死与共的患难之交，刘邦却还是不能放心于他。

当韩信谋反失败，被诛灭以后，萧何又被刘邦封为相国。诸门客都来祝贺，只有一人道，"祸事马上就要来了。圣上在外带兵打仗，心中却已经在怀疑使君你了，还请不要接受封赏金银之物，一切都充入军中。"萧何这么做了，刘邦果然很高兴。

不久，英布又反，刘邦带兵亲征。人在战场，心中却放不下萧何，屡次派人来问萧何在做什么。萧何自然一如既往，安抚百姓，稳定人心。于是，又有门客劝道："使君灭族的大祸就要临头了。你位为相国，功推第一，还能再加封赏么？你在关中十数年，甚得民心，圣上是害怕你称王啊。为什么不多买田地，贱价强占，自污求全，以定圣上之心，去其疑虑呢？"

萧何听了，果然又照此去做了。不久，刘邦得胜归来，百姓纷纷迎接，争着上书，哭陈萧何强买民田之事，刘邦听了反而很高兴。

功成之后，多买田地、广置钱财以自污，意思是说我只关心自己的吃喝玩乐了，政治上的事情我不再过问。打天下的时候需要萧何的雄才大略；坐天下的时候却不能再尽兴发挥了。

其实，求生之道，发达之途，有的时候看起来往往就是这样背道而驰。这个故事再次说明，为人之道就是要会忍。会忍者，君子所为，于战则无敌，于礼则大治，于事业则会一步步接近成功，于生活才能真正体验到其中真实甘味。

人生感悟

"退一步海阔天空"，说的就要会忍。只要学会忍，就会平息一些根本不必要的"战争"。

小不忍则乱大谋

忍耐是我们人生过程中任何人都要经受的最困难的一件事。一旦你忍耐的功夫练得炉火纯青，那么你就能取得以柔克刚的效果。

汉光武帝刘秀小的时候，在家表现得十分勤快，常常实事实干从不自吹自夸，因此，给人的印象也是十分憨厚、平和。他虽想出人头地，但从来不露声色。

相反，他的哥哥刘喜就把自己比做刘邦，像刘邦一样，虽然小时候是一个浪荡公子，但胸怀大志，最终做了皇帝；而把刘秀则比做刘邦的二哥刘喜。刘喜是一个目光短浅、胸无大志之人，所以哥哥刘喜从小就很是瞧不起他，并常常以此嘲笑刘秀。后来，刘秀去长安读书，当他读到《论语》中"子曰：'巧言乱德，小不忍则乱大谋。'"一句时，简直是手舞足蹈地说："说得太好了，太好了，真是一针见血！"从此，他便以这句至理名言规范自己的言行。

后来，王莽征用民夫，加重捐税，纵容残酷的官吏，对老百姓加重刑罚。这样，就逼得农民不得不起来反抗了。刘喜、刘秀兄弟二人便发动了春陵起义，大获全胜。结果皇帝却被刘玄当上，致使刘喜心中十分不快。刘玄也清楚刘喜性情蛮横，又野心勃勃，再加上以他为首的青陵兵在与王莽的军队作战中，节节胜利，战功卓著，无疑，这一切对自己的皇帝宝座是个巨大的威胁。所以，总想找个借口除掉刘。

刘稷是刘喜的部将，听说刘玄当了皇帝，心中也十分不满，便大发牢骚说："今起兵图谋大事，全是刘喜的功劳。他刘玄算个什么东西，有什么资格配称皇帝？"刘玄听后，想收买刘稷，封他为抗威将军。刘稷拒不接受。刘玄要杀刘稷，遭到刘喜反对。刘玄一怒之下，便将刘喜、刘稷一起杀掉。尔后，为了斩草除根，便伺机斩杀刘秀。

刘玄为找借口，便派人去对刘秀宣布诏书说："太常偏将军刘秀英勇善战，特封为破虏大将军、武信侯。"还没等刘秀谢恩，接着又宣布说："大司徒刘喜，一向图谋不轨，常有抗帝之意，所以把他杀了。"以此来试探刘秀的反应，如稍有恨意，便就地将其正法。刘秀是何等聪明，对刘玄的这点用意怎能不知？小不忍则乱大谋。刘秀听完诏书后，极力克制住内心的杀兄之恨，慌忙磕头谢恩说："陛下赏罚甚明。我建功微小，不值一提，皇上如此嘉奖，秀实在受之有愧。兄刘素有反意。我也常劝他野心必毙，但他就是不听。发展到今天刑及其身，实在是罪有应得。"

刘秀一席话语，表现得十分真诚。不要说报信宣诏之人深信不疑，就连他的部下也都信以为真，无不为刘秀的大义灭亲之举感动得流下眼泪。

宣旨人走后，刘秀回到帐内，关紧房门，便捶胸大哭，恨得咬牙切齿地说："杀兄之仇不报，不配做人！"但在第二天，他又立即跑到刘玄住处言必称陛下，口必言皇恩浩荡，绝不提昆阳大捷之功。既显得十分恭谨，又表现得粗犷大度。平时谈吐不透半点哀痛之意，也不为刘服丧，饮食谈笑都和平常一样。

刘秀"以小忍成大谋"的表演，终于使刘玄解除了对他的猜忌，以为刘秀不记他的仇，反倒有点过意不去，于是封刘秀为破虏大将军。后来，刘秀将长安攻了下来，杀了王莽。回到洛阳，刘玄又给了刘秀一些兵马，让他到河北去招抚河北郡县。

这时候，各地的豪强大族也有了武器，有的自称将军，有的自称为王，也有自称皇帝的，各据一方。刘玄派刘秀到河北去，正好让刘秀得到了一个扩大势力的机会。他废除了王莽时期的一些苛刻法令，并释放了一些囚犯，一面消灭割据势力，一面镇压河北各路农民起义军，整个河北差不多全给刘秀占领了。

刘秀和他的随从官员认为时机已经成熟，于是在鄗自立为皇帝，史称汉光武帝。

急躁是成功之大敌。刘秀性格内向，事不外露，城府深沉，容忍一时而不乱大谋。当刘喜被杀的消息传来时，刘秀为避免过早与刘玄发生正面冲突，极力克制自己，立即从出征的战场赶来当面向刘玄谢罪。他对自己所立战功只字不提，而且深深引以自责，也不为其兄服丧，饮食言笑如同平常，毫无丧兄之痛的表示。这番成功的韬晦表演，终于使刘秀转危为安、逢凶化吉，不仅没有受到牵连，反而加官晋爵，为其以后建立东汉王朝保存了实力，最终成就了东汉王朝的一统大业。

孔子曰："巧言乱德，小不忍则乱大谋。"意思是说小事情不肯忍耐，就会打乱整个计划。对于孔子的这句至理名言，东汉开国皇帝刘秀算是学到了家。因为急躁之人往往急于求成，所以在做事前没有周密计划就开始动手，结果往往欲速而不达。而且，性情急躁的人容易灰心。因为任何事情都不可能一蹴而就，当事情遭遇挫折时，急躁之人往往不能冷静地分析原因，而是带着更加急躁的情绪，不冷静地进行下一步的活动。一个人如此行事，往往不会得到令人满意的结果，时间长了，他对自己的信心就会丧失。

正是由于刘秀的忍，才有了日后的光武中兴。

许多在事业上非常成功的犹太人及日本的企业家、金融巨头都将"忍"字奉为修身立本的真经，均在自己家中、办公室中悬挂着巨大的忍字条幅……可以毫不夸张地说，忍学就是世界上每一个成功人士的必修课之一。

人生感悟

　　人与人之间存在着不同的利益和矛盾，相互之间有时难免会产生一些误解和分歧。如果处理不当就会酿成纠纷、冲突和伤害；如果处理恰当便能相安无事，息事宁人，重修旧好，以至化干戈为玉帛。关键在于，双方要学会忍让。

让人三分好，得理且饶人

　　俗话说："逢人只说三分话，未可全抛一片心。"也就是"啥时候都不可把话说死"之意。这是言辞上低调做人的一个重要品质，与人谈话切不可把话说绝、说死，当你非要说明一些问题时，说话也要留三分。

　　对方无理，自知吃亏，你于"理"明显占过对方，但你放他一条生路，他定会心存感激，来日也许还会报答你。就算不会图报于你，也不太可能再度与你为敌。这就是人性。得理不让人，让对方走投无路，就有可能激起对方"求生"的意志。而既然是"求生"，就有可能是"不择手段"，这对你自己将造成伤害。

　　春秋战国时期，楚庄王逐鹿中原，连续几次取得了胜利。群臣都向楚庄王祝贺，庄王便设宴款待群臣。席间，庄王命最宠爱的妃子为参加宴会的人敬酒。这时，天色渐渐暗下来，大厅里开始燃起蜡烛。

　　猜拳行令，敬酒干杯，君臣喝得兴高采烈，好不热闹。忽然，一阵狂风刮过，客厅内所有蜡烛一下全被吹灭，整个大厅一片漆黑。庄王的那位美妃，正在席间轮番敬酒，突然，黑暗中有一只手拉住了她的衣袖。对这突然发生的无礼行为，美妃喊又不敢喊，走又走不脱，情势紧迫之下，她急中生智，顺手一抓，扯断了那个人帽子上的帽缨。那人手头一松，美妃趁机挣脱身子跑到了楚庄王身边，向庄王诉说被人调戏的情形，并告诉庄王，那人的帽缨已被扯断，只要点明蜡烛，检查帽缨就可以查出这个人是谁。

　　楚庄王听了宠妃的哭诉，出乎意料地表示出很不以为然的样子。他想，怎么能为了爱妃的贞节而使部属受到污辱呢？于是，庄王趁烛光还未点明，便在黑暗中高声说道："今天宴会，盛况空前，请各位开怀畅饮，不必拘礼，大家都把自己的帽缨扯断，谁的帽缨不断谁就是没有喝好酒！"群臣哪知庄王的用意，为了讨得庄王欢心，纷纷把自己的帽缨扯断。等蜡烛重新点燃，所有赴宴人的帽缨都断了，根本就找不出那位调戏美妃的人。

就这样，调戏国王宠妃的人，既未受到惩罚，就连尴尬的场面也没有发生。按说，在宴会之际竟敢调戏王妃，堪称杀头之罪了。楚庄王为什么蓄意开脱，不加追究呢？他对王妃解释说："酒后狂态，是人之常情，如果追查处理，反会伤了众人的心，使众人不欢而散。"

时隔不久，楚庄王借口郑国与晋国在鄢陵会盟，于第二年春天，倾全国之兵围攻郑国。战斗十分激烈，历时三个多月，发动了数次冲锋。在这场战斗中有一名军官奋勇当先，与郑军交战斩杀敌人甚多，郑军闻之丧胆，只得投降。

楚国取得胜利。在论功行赏之际，才得知奋勇杀敌的那名军官，名叫唐狡，就是在酒宴上被美妃扯断帽缨的人。他如此奋勇向前正是为了感恩图报！

容人之过，方能得人之心。有过之人非常希望看到他人的宽容和友谊，希望得到悔过自新的机会。这种需要一旦得到满足，其对立情绪便会立即消失，感恩戴德，"得人滴水之恩，必当涌泉相报"的情感很快便会在心理上占据主导地位。在这个基础上，只要稍加引导，就会产生出像"戴罪立功"那样的心理效果。

如果说"三年不鸣，一鸣惊人"之举在楚庄王身上表现出的是在诸侯中问鼎称霸的韬略和气魄的话，那么在宴会中绝缨之事，则展现了他那宽容大度的襟怀。一名统御者能宽宥属下的某些过失，宽大为怀，容人之过，念人之功；谅人之短，扬人之长，必然会得到部下的奋力相报，在客观上为自己留下了一条后路。

清代康熙年间，当朝人称"张宰相"的张英与一个姓叶的侍郎，两家毗邻而居。叶家重建屋子，将两家公共的弄墙拆去并侵占了三尺。张家自然不服，引起争端。张家立即发鸡毛信给京城的张英，要求他出面干预，张英却作诗一首："千里家书只为墙，再让三尺又何妨？万里长城今犹在，不见当年秦始皇。"张老夫人看见这封家书，立即命人退后三尺筑墙。而叶家深表敬意，也退后三尺。这样两家之间即由从前的三尺巷变成了六尺巷，因此也被百姓传为佳话。

《菜根谭》中指出："径路窄处，留一步与人行；滋味浓的，减三分让人尝。此是涉世一极安乐法。"这句话旨在说明谦让的美德。凡事让步，表面上看好像是吃亏，但事实上由此获得的必然比失去的多。英国学者勃朗宁也说过："能宽恕别人是一件好事，但如果将别人的错误忘得一干二净，那就更好。得理之时要饶人，举大事者不计小怨。能学会适时让人，别人可能会心存感激之情，说不定有双赢的结果。让不是软弱无能，而是一种智慧，一种风度，一种雅量。把宝贵的时间，消耗在无聊的争斗上，而放弃了人生的主要目标，这才是最可悲的。"

所以，饶人是一种明智的表现，饶人是一种潇洒的理念。如果我们时时处处不把别人的恩怨放在心上，对自己也是一种宽容的态度，就会让自己的心情放松一些，活得就洒脱一些。

人生感悟

人非圣贤，孰能无过？不要得理不饶人，有一颗宽容的心才能化敌为友，得到他人的尊重！

饶人不是痴汉，痴汉不会饶人

也许，你听到过、看到过，或自己有过这样的经历：本来很好的朋友，却因一句闲话而争得面红耳赤，有的甚至成为陌路人；邻里之间因为孩子打架而导致大人们大打出手，甚至老死不相往来；夫妻之间也因鸡毛蒜皮的琐事会同室操戈，劳燕分飞。如此等等，不一而足。

为什么会出现这种情形？关键就在于人们不懂宽恕之道，特别是血气方刚的年轻人，最容易与人结怨。因此，报仇雪恨的故事自古就不断发生。不能对其本人泄恨，就对其子孙进行报复。诚然，发脾气很容易，但代价实在太大了，如同为赶走一只聒噪的乌鸦而砍掉枝繁叶茂的大树一样，得不偿失。在这个世界上，无论你怎样努力，都不可能符合每一个人的胃口。厨艺如此，做人亦然。站在自己的立场上，别人未必都合自己的胃口，而站在别人的立场上，你又何尝能符合每个人的胃口？如此，做人就应该存宽恕包容之心。难怪孔子会说："己所不欲，勿施于人。"他讲的就是宽恕之道。

汉代公孙弘年轻时家贫，后来贵为丞相，但生活依然十分俭朴，吃饭只有一个荤菜，睡觉只盖普通棉被。就因为这样，大臣汲黯还是向汉武帝参了他一本，批评公孙弘位列三公，有相当可观的俸禄，却只盖普通棉被，实质上是使诈以沽名钓誉，目的是为了骗取俭朴清廉的美名。

听汲黯这么说，汉武帝便问公孙弘："汲黯所说的都是事实吗？"公孙弘回答道："汲黯说得一点没错。满朝大臣中，他与我交情最好，也最了解我。今天他当着众人的面指责我，正是切中了我的要害。我位列三公而只盖棉被，生活水准和普通百姓一样，确实是故意装得清廉以沽名钓誉。如果不是汲黯忠心耿耿，陛下怎么会听到对我的这种批评呢？"

汉武帝听了公孙弘的这一番话，反倒觉得他为人谦让，就更加尊重他了。

公孙弘面对汲黯的指责和汉武帝的询问，一句也不辩解，并全都承认，这是何等的一种智慧！汲黯指责他"使诈以沽名钓誉"，无论他如何辩解，旁观者都会认为他在继续"使诈"。公孙弘深知这个指责的分量，所以采取了十分高明的一招，不作任何辩解，承认自己沽名钓誉。这其实表明自己至少"现在没有使诈"。由于"现在没有使诈"，指责者及旁观者都认可了，也就减轻了罪名的分量。公孙弘的高明之处，还在于对指责自己的人大加赞扬，认为他是"忠心耿耿"。如此一来，便给皇帝及同僚们这样的印象：公孙弘确实是"宰相肚里能撑船"。既然众人有了这样的心态，那么公孙弘就用不着去辩解沽名钓誉了，因为这不是什么政治野心，对皇帝构不成威胁，对同僚构不成伤害，只是个人对清名的一种癖好，无伤大雅。

生活中我们常常会遇到各种各样的批评，对待不同的批评，我们也应该采取不同的应对策略。

如果批评是正确的，那你就应该从中学习些东西。这样你就可以成长起来并进行一些积极的改变。同时，你还能从中了解到自己以及自己身上那些需要改进的东西。因为在此之前你可能根本就不知道自己身上还存在着这种问题，而事实上它却始终在跟随着你。如此一来，你不仅没有失掉什么，而且还能得到许多。因此你应怀有谢意，应该感谢那些向你提出批评的人。

古人说："饶人不是痴汉，痴汉不会饶人。"公孙弘的为人处世功夫是非常高明的。要在为人处世中减少对别人的伤害，就应该学会饶恕别人。常言道：冤家易解，不宜结。仇恨会把一个人带到疯狂的边缘，报复还能把无罪推向有罪。仇恨越积越深，无休无止。这样对个人、对事业都没有益处。

人生在世，真正胸怀大志者，是不会轻易与人结仇怨的。春秋时，齐桓公不计管仲的"一箭之仇"，反而任他为相，最终国富兵强，称霸诸侯；

蔺相如不计廉颇的羞辱之言，不与之争势，处处避让，因而廉颇备受感动，负荆请罪，两人重归于好，赵国政治也因此变得更加稳定。

现实生活中，竞争十分激烈，人们之间会有很多利益冲突，特别是同事之间更是如此。如果不善于处理矛盾，从而引起彼此仇视，这对两个人的发展都会造成不好的影响。所以，我们必须忍住仇恨之心，学会化解矛盾，与人团结共事。

当我们的心灵选择了宽恕，我们便获得了应有的自由，因为我们已经放下了仇恨的包袱。无论是面对仇人还是朋友。佛道中讲：在芸芸众生当中，两个人能够相遇、相识，那便是缘。即便因为仇恨而相识，不可否认的是，在心里已经牢记了对方的名字。如果因为整天想着如何去报复对方而心事重重，内心极端压抑，倒不如放下仇恨，宽恕对方。

当然，宽恕伤害自己的人不是一件容易做到的事，要把怨气甚至仇恨从心里驱赶出去，的确是需要极大的勇气和胸襟的。有个精神病人闯进了一位医生家里，开枪射杀了他三个花样年华的女儿，可这位医生仍为那精神病人治好了病。这个医生为何有如此大的胸襟和勇气，关键是他心中留下的是爱，是对病人更是一种对精神病患者的爱。记得一本书上说过，我们的心如同一个容器，当爱越来越多的时候，仇恨就会被挤出去，我们不需要一味地、刻意地去消除仇恨；而是不断用爱来充满内心，用关怀来滋润胸襟，仇恨自然没有容身之处。

古语说："知错就改，善莫大焉。"既然如此，面对别人在无意中犯下的错误，我们为何不能宽恕呢？

学会宽恕别人，就是学会善待自己。仇恨只能永远让我们的心灵笼罩在黑暗里；而宽恕却能让我们的心灵获得自由，获得解放，可以让生活更轻松愉快。壁立千仞，无欲则刚；海纳百川，有容乃大。宽恕是一种风范，一个懂得宽恕之道的人，他的天地一定广阔，精神一定充实，心灵一定纯洁，灵魂一定美丽。

人生感悟

《礼记》中说："水至清则无鱼，人至察则无徒。"太认真了，就会对什么都看不惯，连一个朋友都容不下，把自己同社会隔绝开。镜子看似很平，在高倍放大镜下就变成了凹凸不平的"山峦"；肉眼看很干净的东西，拿到显微镜下，满目都是细菌。如果我们总"戴"着放大镜、显微镜生活，恐怕连饭都不敢吃；如果老盯着别人的缺点，恐怕任何人在你眼里都是无可救药。

忍小辱才能做大事

忍耐是成功者的必修课，会办事的聪明人知道，必要的时候，面对来自各方面的嘲笑和讽刺，他们选择的是默默接受，甚至笑脸相迎，而不是恼羞成怒，意气用事。正是因为他们拥有这样的气度和胸怀，才能最终成就大事。例如，耶稣曾经遭人唾面而不动声色；勾践为了复国大计而甘愿做敌人的马夫……在这些勇士的眼里，嘲讽和凌辱对他们不仅构不成伤害，反倒会激发他们的斗志。

韩信的"胯下受辱"想必是尽人皆知的。

韩信受辱的故事记录在司马迁的《史记·淮阴侯列传》里。据说，有一天，游手好闲的韩信在街上溜达，一个年轻的屠户实在看不惯他这副不学无术的样子，就嘲讽地说："你虽然长得高大，喜欢带刀佩剑，其实是个名副其实的胆小鬼而已。"然后，又当众侮辱他说："你要是个不怕死的家伙，就拿剑来刺我吧！否则就从我的裤裆下面爬过去。"韩信仔细地打量了他一番之后没有说话，让众人意外的是，韩信竟然低下身去，趴在地上，从他的裤裆下面爬了过去。于是，满街轰然大笑，在他们的眼里，韩信就是一个十足的胆小鬼。但是，他们万万没有料到，正是因为遭受了这种胯下之辱，韩信开始了自己人生奋斗的历程。

韩信自己曾说，他的成名确实与他经历的这件事情有关。后来，刘邦打败了项羽，并剥夺了韩信争来的齐王兵权，然后改封韩信为楚王。之后，韩信回到了下邳，他召见那个曾经侮辱过自己、让自己从他胯下爬过去的年轻屠户，还任用他做了中尉。韩信告诉他的将相们说："这是一位壮士。当初他侮辱我的时候，我难道不能杀死他吗？但杀掉他没有意义，所以我忍受了一时的侮辱而成就了今天的功业。"

的确，大凡伟人，总有很多不同于常人的地方，主要表现在他们的胸襟、气魄、胆识以及坚忍不拔的意志等方面。小不忍则乱大谋，这是中国人常挂在嘴边的一句话。就是说，某些时候，在自己处于不利的地位，或者危难之时，不妨暂时退让一步。人生不如意事十之八九，想要生存在这

第五篇 ◆ 能屈能伸是好汉

个变化无常的世界里，其中首要的一条就是要善于忍。为人处世要豁达大度，宽容忍让。当忍则忍，忍为上策。心字头上一把刀，要用心来面对社会，面对现在的环境，面对周围的人或事，而不是用刀。用心是感化，而用刀则是强迫。没有忍让和宽容，就会增添很多仇恨和矛盾，也会因此而使自己前行的道路充满坎坷。要想成为真正的强者，学会忍让是必须的。

一位善良的修女准备为刚刚建立的福利院进行募捐，因为资金问题，福利院的设施还不完备。很多生活在其中的小朋友们生活上有很多不便。后来，修女想到拜访一位被大家称之为"铁公鸡"的吝啬鬼富翁。

不幸的是，在修女去拜访他的那天，富翁因为生意上出现了一些问题，心情十分不好，正在对家里的佣人大发脾气。当修女走进他的家门时，他立即把火转嫁到了修女身上，而且在修女说完来意之后，他竟然挥手就给了修女一巴掌。但是让他想不到的是，修女并没有因为他的一巴掌而发火，依旧是面带微笑望着他，站着一动不动。

这使富翁更为恼火，他怒气冲冲地骂道："你怎么还不走，虚伪的家伙！"

修女微笑着说："您是知道我来这里的目的的。现在我已经收到了您送给我的礼物，但遗憾的是那些可怜的孤儿们还没有收到您送给他们的礼物。所以我决定等下去。"

富翁被她的一席话深深地打动了，立即给了她一大笔钱，而且在以后的日子里，他每个月都会去福利院探望那些孤儿，并买一些他们需要的东西。

面对这样一位忍辱负重的修女，不要说这位富翁，恐怕连魔鬼也会觉得震撼。换作他人，如果挨了打，肯定会十分恼怒，但是她不一样，她反而用微笑来欣然接受这一蛮横耳光，并把它当作"礼物"。这就是忍耐的力量，它不但令自己对任何事情都不放弃，而且会影响、感染他人来按照你的意志做一些事情。

有句话说得好："忍得一时之气，免却百日之忧。"只有学会忍让和坚持，能屈能伸，才能够达到自己的目的。很多时候，忍耐不等于懦弱，不意味着放弃，而是在积蓄力量等待反击的机会。判断英雄不是在开始，而是在关键时刻他起了什么作用。退却是为了更好地进攻！

人生感悟

当你遭受耻辱或者嘲笑之时，不妨静下心来，分清孰轻孰重，暂时忍耐一下，或许就会帮助你更快达到目的，成就一世英名。

暂且退让又何妨

现代社会，很多人为了实现自己所谓的目标，总是铆足干劲，加大人生战车的油门勇猛前进，却常常忽视运用退让这种极富弹性的制胜技巧。"退一步海阔天空，忍一时风平浪静"的道理是尽人皆知的，但真正能够运用自如的人，恐怕很少。

学会退让，是生活的一种大智慧，如果能够掌握这种智慧，那么世上就会减少很多失败的谈判；学会退让，世界上就会减少许多人为的灾祸；学会退让，自身就会减少很多烦恼……退让，是一种智慧，是一种人生的艺术，更是一种走向成功的谋略。

欧哈瑞是有名的汽车推销员，他生性喜欢与人争论。于是，在工作的时候，遇到一些顾客挑剔他的车子，他总是会涨红着脸，滔滔不绝地与顾客进行辩论。欧哈瑞承认，一段时间以来他的确赢了不少顾客，但是这显然对工作没有一点好处，因为经他推销的汽车一辆也没有卖出去。

后来，经过很长时间的考虑，他意识到自己犯的最大错误就是太要面子，以致不允许别人说跟自己有关的东西不好，尤其是说自己推销的汽车不好。意识到这一点之后，他就努力地克制自己，并告诫自己在任何时候都应该避免与他人争吵。因为只有维护了客户的利益，避免和客户发生冲突，才会给自己带来利益。

很快，欧哈瑞就成了怀特汽车公司最有名的汽车销售员之一。当别人问起他成功的经验时，他这样说："如果我去顾客的办公室推销我们公司的汽车，但还没有等我介绍完，顾客就说：'怀特汽车？对不起，我更喜欢何赛汽车。这样给你说吧，怀特汽车白送我我都不要。'此时我不会为了自己的面子与他争论，我会告诉他说：'老兄，据我所知，何赛的汽车确实好，买他们的车绝对错不了。'如此一来，客户就不会再同我进行争论了，而且在以后的交谈中，我们的话题就会不自觉地转到怀特汽车了。"

正是因为欧哈瑞首先给了客户面子，让客户受到尊重，才赢得客户的信赖。现实生活有时候就是如此，有些东西可能你越争越得不到，而且还会因此而失去；反之，如果你退一步，不去争抢，把优势让给别人，反而

第五篇 ◆ 能屈能伸是好汉

更能使对方向自己靠拢。

在生活中，只有能屈能伸的人才能称得上是智者。当然，一个人如果只伸不屈，遇到一点小事，承受一点"侮辱"就不顾后果，迎"难"而上，反而更容易遭到挫折。与之相反，一个人如果太过于柔弱，遇到事情优柔寡断，就很容易错失良机，这样的人也难成大事。因此，做事做人的大智慧就是当刚则刚，当柔则柔，能屈能伸，屈伸有度。在"进"的同时，暂且退让一下，或许会让自己前进的脚步变得更快。

年少之时的张良因为行刺秦始皇未遂被迫流放到下邳。有一天，心情郁闷的张良到沂水桥上散步，偶然遇到一个老翁。当张良走到老翁的身边时，没有想到的是，老翁竟然故意把自己的一只鞋子扔到桥下，然后傲慢地对张良说："小子，赶快下去把鞋子给我捡过来。"

此时，张良对这种极为屈辱性的行动并没有拔拳相向，而是强忍心中的不满，违心地替他取了上来。随后，老人又跷起脚来，让张良给他穿上。此时的张良真想挥拳揍他，但是想到他身为老者，行动有诸多不便，就膝跪于前，小心翼翼地帮他穿好了鞋子。更让他没有想到的是，老人最后非但不谢，反而仰面长笑而去。走出几百米之后又返回桥上，对张良赞叹道："孺子可教矣。"并约张良5天后在此地相聚。

5天后，鸡鸣时分，张良急匆匆地赶到桥上。没有想到老人故意提前来到桥上，见张良来到，愤愤地斥责道："与老人约，为何误时?5日后再来!"说罢离去。结果第二次张良再次晚老人一步。第三次，张良索性半夜就到桥上等候。他经受住了考验，其至诚和隐忍精神感动了老者，于是送给他一本书，说："读此书则可为王者师，10年后天下大乱，你可用此书兴邦立国；13年后再来见我。"说罢，扬长而去。这位老人就是传说中的神秘人物——隐身岩穴的高士黄石公，亦称"圯上老人"。

张良惊喜异常，天亮时分，捧书一看，乃《太公兵法》。从此，张良日夜研习兵书，俯仰天下大事，终于成为一个深明韬略、文武兼备、足智多谋的"智囊"。

识时务者为俊杰，试想：如果当时张良把老人让他拾鞋一举当作一种屈辱而不肯咽下这口恶气，也许就不会有后来故事的发生，但正是因为他承受了这一屈辱，懂得退让，反而得到了意想不到的收获。在日常生活中，当你陷入困境之时，退让一步也无妨，能屈能伸才是生存的大智慧。

人生感悟

> 人生当屈、当退的时候，不妨先屈、先退一下，这样可能会换来更大的进步。

虚心听取他人善意的忠告

生活中，骄傲自大的人是不受人喜欢的，谦虚则往往会让他人感觉到你的真诚。骄傲自大者，炫耀时常常会暴露出他的肤浅和无知。在你身边的任何一个人，都可能是某个领域的专家，所以你必须保持足够的谦虚。而且，谦虚会让你看到自己的短处，使你永远把自己置于学习的地位，发现他人的优点，以促使你不断进步。

孔子曾经说过："三人行，必有我师焉。择其善者而从之，其不善者而改之。"生活中，我们每个人都有不如他人的地方，因此对别人善意的忠告，我们应该用谦虚的态度去对待它，并愉快地接受，以此锻炼自己，提高自己。

据说有一次徐悲鸿正在画展上评议作品，一位乡下老农上前对他说："先生您这幅画里的鸭子画错了。您画的是麻鸭，雌麻鸭尾巴哪有那么长的？"原来徐悲鸿展出的《写东坡春江水暖诗意》，画中麻鸭的尾羽长且卷曲如环。老农告诉徐悲鸿，雄麻鸭羽毛鲜艳，有的尾巴卷曲；雌麻鸭毛为麻褐色，尾巴是很短的。徐悲鸿接受了批评，并向老农表示深深的谢意。

孔子是我国古代著名的大思想家、教育家，学识渊博，但从不自满。他周游列国时，在去晋国的路上，遇见一个七岁的孩子拦路，要他回答两个问题才让路。其一是：鹅的叫声为什么大。孔子答道：鹅的脖子长，所以叫声大。孩子说：青蛙的脖子很短，为什么叫声也很大呢？孔子无言以对。他惭愧地对学生说，我不如他，他可以做我的老师啊！

人生的道路上，谦虚一点，往往会使你有求必得。不可否认，相信自己是成功的前提，但是要想成功，虚心听取别人的意见也是必不可少的条件。希腊有一句名言：经常问路的人，不容易迷失方向。一个人如果经常听取别人的意见，会使自己增长很多的见识，会让自己少走很多的弯路，赢得更多时间去追求完美，去走向成功。

如中国历史上的秦朝，就因为历代秦王听取百里奚、商鞅、张仪等的

第五篇 ◆ 能屈能伸是好汉

意见从而使得秦朝壮大进而统一全国，成为中国历史上让世界瞩目的一个王朝。再如，我国历史上的唐太宗，就因为以史为镜，听取魏征等诤臣的意见，从而在中国历史上创造了"贞观之治"的辉煌盛世。由此可知，善于听取别人的意见是走好成功之路的关键。

世界上的物质是无限的，但是我们每个人的认知却是有限的，谁都不能保证自己比他人知道得更多。因此，当别人善意地给我们提出忠告时，一定要虚心接受。常言道："当局者迷，旁观者清。"我们个性中的缺陷，仅凭自我省悟，往往难以明察秋毫。他山之石，可以攻玉；他人之眼，可以善我。接受他人的建议，是审视自我、完善自我的必由之路。

在微软公司举行的一次会议上，总裁比尔·盖茨受到了严厉指责，一名技术员指出公司开发网络浏览器滞后。他的这些话是在很多高级管理者面前说的，很多人都认为，他让盖茨下不来台，肯定会遭到指责。相反，听了他的陈述之后，盖茨并没有大发脾气，略作沉吟之后，决然自责，并向与会者诚恳道歉，他的这一举动，让很多人都大受感动，同时也宣告了"微软"经营方向的转型。

后来，盖茨谈起这件事时说："我不想在面子问题上浪费时间，那是没有意义的。特权会使人腐化，但我想虚心接受他人的建议，保持前进的动力。"从当年的毛头小伙一跃而为世界首富，这样的成功并没有塞住盖茨的耳朵，虚心接受他人的忠告，无疑是他成功的重要原因。

真正的成功者对于他人的建议都是会虚心听取的，他们知道，不管一个人多么接近完美，也还是会存在这样那样的缺点，只有虚心接受他人的忠告，才能让自己与完美更加接近。而那些自命不凡、心胸狭隘、闭目塞听的人，他们的自负实际上是无知的外衣，而无知会因闭塞而更无知，睿智则因为虚心而更睿智。

人生感悟

人的一生从来就不是一帆风顺的，总免不了会遇上一些问题，每当这时就需要虚心接受他人的意见，如果不接受劝告，非要一意孤行的话，就可能会遭遇到失败。很多时候人遇到问题无法解决，导致不可收拾的结果，其原因就是不听别人的劝说而一意孤行。俗话说："听人劝的没亏吃。"因此，生活中我们要懂得谦虚，更要虔诚接受他人的建议，如此便也就学会了一种通达、睿智的生活态度，也就迈开了坚实自信的生活脚步。

适当看轻自己的面子

在中国人的传统伦理观念中,"面子"有着及其重要的地位,为此,有很多人养成了"死要面子"的心态。其实,"死要面子"并不是一件好事,因为唯面子为尊的价值观念和思维方式对我们做人行事有着很大的束缚。

在日常生活中,我们经常可以听到这样的话,"给点面子","你真有面子","好大的面子","面子全都让你给丢光了"等。可以说,爱面子是中国传统文化的一部分,许多人都认为"人活一张脸,树活一张皮",在他们的意识里,如果一个人没有了面子,就等于是一种耻辱。为此,很多人都不肯遭受这份"耻辱",他们为了面子,去做一些自己根本不能够办到的事情,自欺欺人,作茧自缚。而当你把面子看轻,反而会给自己争取更多的机会。

刘备是拥有雄心壮志之人,投靠曹操之后,这个志向也一直未曾改变。但是在生性多疑的曹操面前做事,时时都需小心。刘备也防备曹操谋害自己,于是就在住处后院种了很多蔬菜,并以此为乐,亲自浇灌,以为韬晦之计。刘备能够把自己的面子看得比鸿毛还轻,放下皇亲国戚的身份,不与曹操争论谁是第一英雄,才得以保全自己的性命,成就一国之主的宏愿。

由此看来,适当看轻自己的面子,不要斤斤计较,不与你的"敌人"进行抗争,反而有利于自己的生存。但是世界上有很多人因为情绪偏激、不能看轻自己的面子而付出了昂贵的代价,甚至包括自己的生命。其实,看轻自己的面子,或许你的人生就会发生重大变化。

古代著名的军事大师孙膑,在遭到庞涓的暗算之后,身陷绝境。然而孙膑并没有向恶势力妥协,他决定想办法逃过庞涓的警惕,然后再寻找逃脱之计。一次,庞涓派人送晚餐给孙膑,只见孙膑正准备拿筷子的时候,突然昏厥,而后呕吐不已,接着大笑大怒,张大眼睛乱叫不已。

庞涓听手下的人报告之后亲自过来查看,只见孙膑唾液满面,伏在地上大笑不止,过了一会儿却又号啕大哭。庞涓是何等聪明之人,他怀疑孙膑狂疯的真假,命令仆人将他拖到猪圈里。此时,孙膑披发覆面,他也知道庞涓的用心,于是就势卧倒在猪粪污水里。此后,庞涓虽然半信半疑,但对孙膑的看管明显放松了。

在以后的日子里,孙膑终日胡言乱语,一会儿哭一会儿笑,白天混迹

第五篇 ◆ 能屈能伸是好汉

于市井，晚上仍然回到猪圈睡觉，俨然是真的痴呆之人。过了一段时间，庞涓终于相信孙膑是真的疯了。于是，孙膑才有机会逃出魏国。

当生命受到威胁的时候，恐怕就没有什么比生命更加重要了。此时，为了保全自己的生命，看轻自己的面子也是一种大的谋略。正如孙膑，装疯卖傻，但是保全了自己的生命，才得以在以后的日子里报仇雪恨。此时的"装傻"，不是"呆痴、愚昧"，而是一种智慧，一种技巧，一种退让，一种保全。

有一次，在大臣刘墉的提醒之下，乾隆作了这样一副对联："一片两片三四片，飞入草丛都不见。"这副对联随即得到了大臣们的奉承，乾隆也顺势把他据为己有。此时，刘墉心有不服。他刚说出："实则，此句为臣下……"这时，乾隆怒目而视，大有杀之之心。在官场混了多年的刘墉马上换颜相对："臣下也有所感，以数字入联，其词其景，都是无可挑剔的。"一句话说完，乾隆龙颜大悦。

其实，刘墉在官场是锋芒太露之人，因此官场上下，人人都特别憎恨他，都想要找出机会置他于死地，可是，刘墉善于为官之道，关键时刻，他总能够放下自己的面子，将别人的加害行动——化解。

这些历史中的名人，必要的时候，总能够看轻自己的面子，做出明智的选择。现实生活中的我们又何尝不应该如此呢？尤其是在保全性命、求人办事的时候，即使你有再大的本事和能耐，也应该放下自己的面子，明白求方为卑，助方为尊，然后根据尊卑差别确定自己应该采取的具体交际方法、手段，让自己的言行举止与自己的地位相吻合。这样才能够有效地达到自己的目的。

人生感悟

<u>漫漫人生路，有时候退一步是为了跨越千重山，或是为了踏破万里浪；有时候低一低头，更是为了昂扬成擎天柱，也是为了响成惊天动地的雷霆……因此，必要的时候，低一下头，放一下面子，这样才会让你站得更高。</u>

斤斤计较只能徒添烦恼

人生在世，总会与各种各样的人打交道，也总难免会产生各种不快和摩擦，如何处理，如何对待，不同的人就会有不同的方法。有的人会斤斤

计较；而有的人则以一颗宽容的心大事化小、小事化了。

仲由是大教育家孔子的学生。一天，孔子叫他到集市上去买些东西，谁料他却惹上了一身麻烦。

当仲由来到市场上时，看见有两个人正在为买布的事争吵，便好心地前去劝阻。

"我的一尺布要价三钱，他要八尺，三八二十四个钱，他少给，我坚决不卖！"卖布人首先向仲由诉说。

买者争辩道："明明是三八二十三，他多要钱不是欺负人吗？"

仲由听后笑了，对买布人说："三八二十四是对的，他并没有多收你的钱。"买者一听仲由替卖者说话，更为光火，便撇下卖者，和仲由争执起来，并要和仲由打赌。

仲由年轻性烈，把刚买到手的衣冠押为赌注。买者也是位性如烈火之人，非要拿自己脑袋做赌注。二人取保击掌，一致同意找大学问家孔子来仲裁此事。

孔子听完二人诉说的事情的原委后，笑着对仲由说："仲由啊，你怎么这么糊涂呢？不会连数都不会数了吧？你输了，将衣冠给人家吧。"孔子的话让仲由感到莫名其妙，却乐坏了买者，连夸孔子圣明，抱着仲由的衣冠高兴而去。

丢了脸面又损失了衣冠的仲由非常恼怒，觉得孔子昏庸便负气回家了。

仲由走后，别人问孔子："明明是仲由对，您为什么要说他输了呢？"

孔子笑道："说'三八二十三'的人是个缺少知识的人，为了一个钱死争的人是个斤斤计较的人。而仲由作为一个明白人，反而为了这种争执用脑袋和衣冠作赌注，岂不是自寻烦恼吗？人生何必为了这种小事而生气呢？再说，我说仲由输了，仲由输的只是衣冠；我若说买者输了，他岂不要输掉脑袋？为人处世应该少些计较、以宽大为怀啊。"

后来，孔子的话传到了仲由的耳朵里，使他感到非常羞愧，当即来到孔子家向恩师道歉。从此，师生二人感情更加笃深，愈久弥坚。

人生感悟

在生活中，斤斤计较的人之所以时时感到烦恼，是因为他们不懂得用一颗宽容之心待人，不懂得多一份计较就会多一份烦恼。如果你宽容

别人,别人也会宽容你;如果你对别人苛刻,别人也会苛刻地对你。为人处世,少一份计较、多一份宽容,便会少一份烦恼、多一份宁静。

成大事者需有容人之量

"将军额上能跑马,宰相肚里能撑船。"这句中国谚语,虽看似夸张,却不乏丰富的内涵。"将军"、"宰相"这些举足轻重的人物都拥有着宽广的胸襟、伟岸的气魄,也正是这种能包容一切的精神才造就了他们辉煌的人生。

春秋时期,齐襄公做齐国国君,后来被杀。襄公有两个兄弟,一个叫公子纠,当时在鲁国(都城在今山东曲阜);一个叫公子小白,当时在莒国(都城在今山东莒县)。两个人身边都有个师傅,公子纠的师傅叫管仲,公子小白的师傅叫鲍叔牙。两个公子听到齐襄公被杀的消息,都急着要回齐国争夺君位。

公子小白回齐国时,管仲早就派好人马在路上拦截他。管仲拈弓搭箭,对准小白射去。只见小白大叫一声,倒在车里。

管仲认为小白一定死了,就放松了警惕,不慌不忙护送公子纠回到齐国去。怎知公子小白是诈死,等到公子纠和管仲进入齐国国境,小白和鲍叔牙早已抄小道抢先回到了国都临淄,小白当上了齐国国君,即齐桓公。

齐桓公如愿以偿地即位,随即,他发令要杀公子纠,并把管仲送回齐国办罪。管仲被关在囚车里送到齐国,鲍叔牙立即向齐桓公推荐管仲,齐桓公气愤地说:"管仲拿箭射我,要我的命,我还能用他吗?"

鲍叔牙说:"那时候他给公子纠当师傅,之所以用箭射您,是因为他对公子纠的忠心啊。论本领,他比我强得多。主公如果要干一番大事业,管仲可是个用得着的人。"

齐桓公不是个心胸狭窄的人,听了鲍叔牙的话,不但不办管仲的罪,还立刻任命他为相,让他管理国政。

管仲给齐桓公帮了不少忙,整顿内政,开发富源,大开铁矿,多制农具,后来齐国就越来越富强了。

对于管仲的事业,孔子给予了很高的评价,"管仲相桓公,霸诸侯,一匡天下，民到于今受其赐。""微管仲，吾其被发左衽矣。"在孔子看来，管仲的功劳是很大的，假使没有管仲，恐怕我们还处在落后民族的阶段。齐桓公之所以能成就霸业，主要用了管仲之谋的缘故。如果齐桓公当时没有容人的气度，把管仲杀了，就可能没有后来齐桓公的雄伟事业。

领导用人，需要有很大的气度，因为你用人的时候，不是看谁跟你有过节，谁跟你关系最好，而是看谁才是你最需要的人才，无疑最有能力者为首选。

人生感悟

<u>有气量者总能掌握一种外圆内方、绵里藏针的管理和处事技巧。</u>

退后一步自然宽

四川青城山有一副很有名的对联："事在人为，休言万般皆是命；境由心造，退后一步自然宽。"自古以来，宽厚的品德、宽容的心态就为世人所称颂，心胸狭窄则被认为是一种病态。

唐代的狄仁杰非常看不起娄师德，但实际上娄师德并不计较这些，推荐狄仁杰当宰相。还是武则天捅开了这层窗户纸，有一次武则天问狄仁杰："娄师德贤能吗？"狄仁杰回答说："作为将领，只要能够守住边疆，贤能不贤能我不知道。"武则天又问："娄师德能够知人善任吗？"狄仁杰回答："我曾经与他共事。没有听说他能够了解人。"武则天说："我任用你就是娄师德推荐的。"狄仁杰出去以后非常惭愧，尽管自己经常对他嗤之以鼻，但是娄师德却仍然能以宽厚、公平的心来对待自己，他深深地感叹："娄公德行高尚，我已经享用他德行的好处很久了。"

那么，如何才能成为一个宽容大度的人呢？

一、要培养高尚的品德。外在的道德实践，是靠内心道德情操的培养来实现的。

一个人，只有用一定的道德标准、人生观来约束自己，不断地完善自己的道德品质，才能养成正确、妥善地处理与社会与他人关系的能力。

孔子的弟子曾子说："吾日三省吾身，为人谋而不忠乎？与朋友交而不信乎？传不习乎？"可见，他把修身、责己纳入了日常行为中。

三国时期蜀国的蒋琬是一位很注重品德修养的人。良好的品德修养造就了他宽广的胸襟和气魄。据《三国志》记载，杨敏曾在背后说蒋琬"做事愦愦"，与诸葛亮相比差距太大了。有人把这些话告诉了蒋琬，蒋琬不仅没有恼怒，反而承认自己的确不如诸葛亮的事实，并诚恳地检讨了自己的不足。后来，杨敏因犯罪落到了蒋琬手中，时人猜测这下杨敏该倒霉了，但蒋琬没有一点公报私仇的举动，而是公平地按照罪行的轻重对他进行了处罚。

二、一个人，只有善于并能够从大局出发，才能够做到宽容大度。

古人说："大行不顾细谨，大礼不辞小让。"一个处处以大局利益为重的人，总是能够做到宽容待人。廉颇、蔺相如"将相和"的故事，在我国家喻户晓。而蔺相如之所以能够对于廉颇的挑衅一再宽让，用蔺相如自己的话来说就是："吾所以为此者，以先国家之急而后私仇也。"

欧阳修和王安石同朝为官。欧阳修非常欣赏王安石的才学，曾满怀热情地赠诗给他，希望他在政治和文学上都能取得卓越的成就。然而，王安石对他却很冷淡，甚至回赠诗说："他日倘能窥孟子，此身安敢望韩公？"他自比孟子，将欧阳修比做韩愈，却又声称不敢攀附，这无疑是给了欧阳修一个闭门羹。然而，欧阳修并没有计较这些。后来，当他在朝廷担任要职后，还推荐王安石、吕公著、司马光3人当宰相。

吕公著是前朝宰相吕夷简的儿子，他们父子俩都攻击过欧阳修，连欧阳修贬官滁州，也是他们从中作梗；司马光与欧阳修也不投合，曾当面指责过他，但欧阳修以国家利益为重，从不计个人恩怨，这种高尚的品格很是令人钦佩。另外，像曹操"割发代首"、诸葛亮"自降三级"、吕夷简不计个人恩怨保荐范仲淹等，也都是从国家、事业大局出发的典例。

三、不要按照自己的行为准则要求别人。

每个人都希望自己完完全全地被接受，希望能够轻轻松松地与人相处。但很少有人敢于完完全全地暴露自己的一切。有人说，在一般情况下和人相处时，谁若是能让我轻松自在、毫无拘束，我便极愿和谁在一起。这也就是说，我们希望和能够接受我们的人在一起。专门找人家差错而吹毛求疵的人，一定不是个好亲人、好朋友。

请不要设定标准叫别人的行动符合自己的准则。请给对方一个自我的权利——即使对方有某些变态行为也无妨。

别要求对方完全符合自己的喜好，以及行动完全符合自己的要求。一个与人为善，宽宏大量，能够主动积极为别人着想的人；一个能关爱和体谅别人的人，则往往能讨人欢喜，受人爱戴，有着被人尊重的尊严。

四、有体谅人的心境。

宽容待人的心理基础，就是将心比心、推己及人、设身处地，以角色互换的方式，去体谅和理解别人。毫无疑问，这是宽容的内容和要领。

唐临，京兆长安人，他出任万泉县丞时，不论公事私事，都能为人着想而宽待人。县有犯十多人，每当春暮下时雨，正是耕种好时节，他们请县令允许他们回家耕种，以免错过农时，县令不许，唐临为之承担责任说："明公若有所疑，临请自当其罪。"县令才批准。他与囚犯约定回来日期，后囚犯回去耕种后都能按期回狱，无一人逃窜。唐临因此知名。

美国汽车大王说过一句话："假如有什么成功秘诀的话，就是设身处地替别人着想。"了解别人的态度和观点。只有知道别人的思维轨迹，才能掌握交流的要点。

卡耐基曾租用某家大礼堂讲课。有一天，他突然接到通知，租金要提高三倍。卡耐基前去与经理交涉。他说："我接到通知，有点儿震惊，不过这不怪你。如果我是你，我也会这么做。因为你是旅馆的经理，你的职责就是使旅馆尽可能地赢利。"紧接着，卡耐基为他算了一笔账，将礼堂用于办舞会、晚会，当然会获大利。但你撵走了我，也就等于撵走了成千上万有文化的中层管理人员，而他们光顾贵旅社，是你花几千元也买不到的活广告。那么，哪种做法更有利呢？经理听了，感到卡耐基言之有理，最终以原价格把礼堂租给了他。

卡耐基之所以成功，在于当他说"如果我是你，我也会怎么做"时，他已经完全站到了经理这边。接着，他站在经理的角度上算了一笔账，抓住了经理的兴奋点——赢利，使经理心甘情愿地放弃原来的打算，而把天平的砝码加到了卡耐基这边。

人生感悟

假如对生活中任何不顺心的事情都能一笑了之，那么，还有什么事能使你不开心呢？记住：任何事情退一步都是海阔天空的。

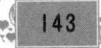

将目光放远大些

只考虑眼前而不考虑将来是大多数人的心理习惯，结果得到的往往是痛苦而不是快乐。事实上，人世间一切有意义的事若想做成功，都必须忍受一时的痛苦。你必须熬过眼前的失败和痛苦，把目光放在未来。本来任何事都不会使我们痛苦，真正使我们痛苦的是对于痛苦的恐惧。

蒙田是一位非常伟大的哲学家，他说："若结果是痛苦的话，我会竭力避开眼前的快乐；若结果是快乐的话，我会百般忍耐暂时的痛苦。"

人生要想永远快乐，就要善用人生所给你的一切。如果你确实明白自己努力的目标，如果你真愿意奋力去做，如果你知道什么方法有效，如果你能及时调整做法并好好运用上天给你的天赋，那么人生就没有什么做不到的事。本田汽车公司的创始人本田宗一郎的事迹，证明了这一点。

1938年，本田先生还是一名学生，为了全心投入研究，制造心目中所认为理想的汽车活塞环，他变卖了所有家当，夜以继日地工作，与油污为伍，累了就倒头睡在工厂里，一心一意期望早日把产品制造出来，卖给丰田汽车公司。为了继续这项工作，他甚至变卖了妻子的首饰。最后产品终于出来了并送到丰田去，但是被认为质量不合格而打了回来。为了获取更多的知识，他重回学校苦修了两年。这期间，他的设计常被老师或同学嘲笑，被认为不切实际。

他仍然咬紧牙关朝目标前进，无视一切痛苦，终于在两年之后取得了丰田公司的购买合约，完成了他长久以来的心愿。

然而，新问题很快就出现了。当时因为第二次世界大战爆发，一切物资吃紧，政府禁卖水泥给他建造工厂。但他没有就此放手，更没有怨天尤人，而是另谋他途，和工作伙伴研究出新的水泥制造方法，建好了他们的工厂。战争期间，这座工厂遭到美国空军两次轰炸，毁掉了大部分的制造设备，他立即召集了一些工人，去捡拾美军飞机所丢弃的汽油桶，作为本田工厂制造用的材料。

在此之后的一次地震中，整个工厂变成了一片废墟，这时，本田先生不得不把制造活塞环的技术卖给丰田公司。本田先生实在是个了不起的人，他清楚地知道迈向成功的路该怎么走，除了要有好的制造技术，还得对所做的事充满信心与毅力，不断尝试并多次调整方向，虽然目标还没实现，但他始终不屈不挠。随着"二战"的结束，汽油短缺开始困扰着整个日本经济。由于缺少汽油本田先生根本无法开着车子出门买家里所需的食物。他在极度沮丧之下，不得不试着把马达装在脚踏车上，他知道如果成功，邻居们一定会央求他给他们装部摩托脚踏车，果不其然，他装了一部又一部，直到手中的马达都用光。

今天，本田汽车公司在行业内取得了骄人的业绩，共雇有员工超过10万人，是日本最大的汽车制造公司之一，其在美国的销售量仅次于丰田。

本田公司之所以能够有现在的辉煌，与本田先生的远见是分不开的。他深知，一个人所作的决定或所采取的行动有时候只够应付眼前的状况，然而要想成功，就必须把眼光放远。

人生感悟

<u>成功和失败都不是一夜造成的，而是一步一步积累的结果。给自己制定更高的追求目标，掌握自我而不受控于环境，正确地采取行动，把眼光放远，继续坚持下去。</u>

妥协是一种智慧，变通是一种方法

成事之多是一个人做事成功的直接体现；行走于人世间，拥有威信、深得人心，是一个人做人成功的直接体现。做事先做人，做不好人，很难做成事。在无法孤立而行的世界，与人相处、与事相汇，是我们每日生活的重要组成部分，有交流当然也就无法避免或内或外的人事分歧，着手处事也就难免会有或大或小的人情纠葛，群雄逐鹿也自然会有挫败和成功的多重境遇。一个人想要成就大事，做人首先就要承受考验。

才高八斗，却不知温恭自虚，敬贤礼士；理多利足，却不懂退让，咄咄逼人。如此占处上风，是很难受到欢迎的。其实处于上风不是一种汹涌而来的气势，而是一种温文尔雅的姿态。博闻强识却不锋芒毕露，权理兼备却不锐气旺盛，在适当的时候学会妥协变通，往往就能在低就中成人心之美，虽表面败下阵来，其实是在大度中尽显威仪之风。懂得在上风中适当妥协，在强势中平衡局面，适时变通的人，才是生活的智者。

史书中记载东汉时代的海王刘睦，就是这一智者的代表之一。刘睦因为礼贤下士，所以深得光武帝的赏识。一天他的手下要到皇城去办事。在赴京之前，刘睦召见了这个人，问道："如果皇帝问起我，你怎么回答啊？"使者回答道："大王善良仁慈，忠顺孝悌，敬重贤人，我都要一一如实上报啊。"刘睦听后说道："吁，你这样说我就危险了。如果皇帝问起来，你应该说我自从即位以来，声色是娱，狗马是好，意志衰退，只有这样我才能免除祸患啊。"

对于刘睦的想法，大家不思便晓。皇帝作为一国之君，自然希望威望高耸。刘睦的威望越高，皇帝越是有戒心，以愚拙之态示于皇尊，是为了免除灾祸，实在是一种大智慧。当然现实中早已不再有触犯龙颜一说，但是"触犯人心"之举却常有发生。这里所说的心是指自尊心。在弱于自己者前显山露水，气势逼人，于人是一种不敬重，于己是一种不自重。在与人相处中，如此伤及人心，就有如在皇帝面前触犯了龙颜，也许结果不会招致杀头之祸，但是却容易封堵人际之脉，被人孤立。成事有三因：天时、地利、人和。人不和，一人成事谈何容易？

学会适当妥协，以退让作为变通之策，才是明智之举。但是妥协也要妥协得真切，如果妥协言不由衷，那么不仅难以取得迎人之效，而且还会落得假谦虚之名，反而得罪了对方。赢得人心不等于献媚，得人心是为了得成事之条件，妥协的目的是为了获得支持，变通的目的是为了确保和谐。所以聪明的人绝不会在别人面前卖弄自己，即便对于不如自己的人，他们也懂得适时妥协，更不会在形势大好时咄咄逼人，即便对方理屈词穷，他们也懂得适时退让。不仅如此，妥协和退让有时也是一种积蓄能量、厚积薄发的做事技巧，作为谋略，它又是一种麻痹对方、攻其不备的传世之法。古语有道："雪压竹枝低，虽低不著泥；一朝红日升，依旧与天齐。"对于这被雪压弯的枝头，暂时的妥协只是一种重获挺拔的方法。工业王子福特二世就曾以妥协之道，换得后起之机。

福特公司曾经的掌门人亨利·福特被人们认为是一位昏庸的管理者，公司重权一度被有黑社会背景的人哈里·贝内特所控制。老亨利的孙子福特二世在进入公司时，被很多人看不起，人们认为他一定有爷爷一样的昏庸，有爸爸埃兹尔一样的懦弱。福特二世在公司里忍辱负重，一步步建立起了自己的威信，铲除了哈里·贝内特。福特公司的经营状况也开始日益好转，最后成了商业巨子。

　　福特二世的忍辱负重，说是妥协，倒不如说是一种暗中的较量，虽然言语、气势以弱示人，但却暗中角逐，一飞冲天，实在是智者。可暗斗便不明争，保下场面之和谐，又可养精蓄锐，思考应敌之策。可以说，这种略谋的运用，在各种竞逐中均有奇效。

　　追溯到14世纪末，因本国领土阿尔巴尼亚遭土耳其苏丹入侵，而被身为国王的父亲送给土耳其首都做人质的乔治，也曾用妥协迷惑了众人的眼睛，夺取了成功。

　　乔治自幼被送到土耳其首都埃地尔内，由于聪明过人，很快引起了土耳其苏丹的器重和注意，于是被送到宫廷学校学习，还被重新起名为"斯坎德培"，他长大后，又以优异的成绩毕业，并在战争中表现出众，被封为贵族封号。1438年，他被土耳其苏丹穆拉德二世封为被征服的阿尔巴尼亚著名要塞克鲁雅的领主——苏巴什。

　　虽然殊荣众多，生活优越，但是斯坎德培却从心底里痛恨土耳其。他想光复祖国，但他深知时机未到，一切都要经过长期的充分准备，如果轻举妄动，就有可能万里决堤、功亏一篑。于是斯坎德培卧薪尝胆、忍辱负重。他不仅仅与原阿尔巴尼亚公国的大公们保持着联系，还同周边不满土耳其的多个国家秘密建立了友好关系。

　　后来，被压迫、镇压的阿尔巴尼亚民众对土耳其的怨恨与日俱增，于是准备武装起义。他们一直请求斯坎德培能助他们一臂之力，但是斯坎德培却依旧装作效忠于土耳其，虽然受到了民众的误解，但是他知道只有时机成熟，几十年的忍耐与等待才有价值。

　　1443年秋，随着匈牙利等邻国对土耳其的进攻初见成效，光复阿尔巴尼亚的有利形势形成。由于土耳其苏丹对匈牙利的军队十分惧怕，所以他集中大部分的军事力量对抗匈牙利的进攻，阿尔巴尼亚驻兵甚少，待匈牙利的军队打得土耳其军队宣布撤军之时，斯坎德培率领骑兵队伍离开前线，向被土耳其占领地第勃拉发动起义，并获得成功。之后，斯坎德培又凭着自己是土耳其苏丹重将的身份，一路闯进被土耳其征服的阿尔巴尼亚要塞克鲁雅，将城内的所有土耳其军将一举歼灭，攻克了要塞。

　　随着斯坎德培的屡屡胜利，阿尔巴尼亚各地人民开始全力反抗，进行

第五篇　◆　能屈能伸是好汉

大规模的武装起义。面对斯坎德培突如其来的举动，土耳其苏丹及军队措手不及，最终大败。1443年年底，斯坎德培宣布阿尔巴尼亚公国光复，阿尔巴尼亚人民重获自由。斯坎德培用20年的妥协，取得了御敌卫国的胜利。

虽然国家光复，但是斯坎德培的做法却招致了土耳其人的憎恨。1457年，阿尔巴尼亚再次遭遇土耳其的进攻，由于周边盟国自顾不暇，阿尔巴尼亚一度陷入了困境。但是斯坎德培却处变不惊、临危不乱，他神出鬼没，消耗着敌人的精力，待到看准时机时，便进行全力猛击。后来，他还把自己隐藏起来，四处散布说自己的军队已经土崩瓦解，自己为了保住性命早已逃到深山老林去了。最后以至于所有的人都相信了这是事实。看到时机成熟，斯坎德培再次出其不意，1457年9月7日，就在土耳其人为阿尔巴尼亚被征服而热烈庆祝时，斯坎德培带领天兵奇将大肆包围，击溃了千余名士兵，土耳其军队彻底崩溃，斯坎德培再次凭借妥协之智光复了国家。

历史告诉我们：妥协不是认输，而是一种以退为进、精准制敌的谋略，变通不为献媚，而是权衡局势做出的明智之举。和平年代虽然也会有群相竞逐，利用妥协、退让取胜实属妙法，但是在更多时候，我们是用这些智慧创造和谐。在适当的妥协、变通中建立起良好的人际关系，赢取人心，创造和谐之境，那么我们就掌握了人和。有了人和的一路绿灯，我们不仅能处处受惠，获赠帮助，也能专心做事，尽快实现自己的目标，获得自我人生的成功。

人生感悟

要想取得成功，就得顺应潮流，切不可不知变通地逆流而动。

错了，就立即承认

戴尔·卡耐基住的地方，几乎是在纽约的地理中心点上。但是从他家步行一分钟，就可到达一片森林。春天的时候，黑草莓丛的野花白白一片，松鼠在林间筑巢育子，马草长得高过马头。这块没有被破坏的林地，叫做森林公园——它的确是一片森林，也许跟哥伦布发现美洲那天下午所看到的没有什么不同。他常常带着雷斯到公园散步，雷斯是他的小波士顿斗牛犬，它是一只友善而不伤人的小猎狗，因为在公园里很少碰到行人，他常常不替雷斯系狗链或戴口罩。

有一天，卡耐基和他的小狗在公园遇见一位骑马的警察，他好象迫不急待地要表现他的权威。

"你为什么让你的狗跑来跑去，不给它系上链子或戴上口罩？"他申斥卡耐基，"难道你不晓得这是违法的吗？"

"是的，我晓得，"卡耐基回答，"不过我认为它不会在这儿咬人。"

"你认为！法律是不管你怎么认为的。它可能在这里咬死松鼠，或咬伤小孩子。这次我不追究，但假如下回我再看到这只狗没有系上链子或套上口罩在公园里，你就必须去跟法官解释啦。"

卡耐基客客气气地答应遵办。

可是雷斯不喜欢戴口罩，卡耐基也不喜欢它那样，因此决定碰碰运气。事情起初很顺利，但接着却碰到了麻烦。一天下午，他们在一座小山坡上赛跑，突然又碰到了一位警察。

卡耐基决定不等警察开口就先发制人。他说："警官先生，这下你当场逮到我了，我有罪。我没有托辞，没有借口了。上星期有警察警告过我，若是再带小狗出来而不替它戴口罩就要罚我。"

警察回答："好说，好说，我晓得在没有人的时候，谁都忍不住要带这么一条小狗出来玩玩。"

"的确是忍不住，"卡耐基回答，"但这是违法的。"

"像这样的小狗大概不会咬伤别人吧。"警察反而为他开脱。

"不，它可能会咬死松鼠。"卡耐基说。

他告诉卡耐基："你大概把事情看得太严重了，我们这么办吧，你只要让它跑过小山，到我看不到的地方——事情就算了。"

卡耐基感叹地想，那位警察也是一个人，他要的是一种重要人物的感觉。因此当他责怪自己的时候，唯一能增强他自尊心的方法，就是以宽容的态度表现慈悲。

卡耐基处理这种事的方法是，不和他发生正面交锋，承认他绝对没错，自己绝对错了，并爽快地、坦白地、热诚地承认这点。因为站在他那边说话，他反而为对方说话，整个事情就在和谐的气氛下结束了。

所以，如果我们知道免不了会遭受责备，何不抢先一步，自己先认错呢？听自己谴责自己比挨人家的批评好受得多。

你要是知道有某人想要或准备责备你，就自己先把对方要责备你的话说出来，那他就拿你没有办法了。在这种情况下，十之八九他会以宽容、谅解的态度对待你，忽视你的错误——正如那位警察所做的那样。

费丁南·华伦，一位商业艺术家，他使用这个技巧，赢得了一位暴躁易怒的艺术品顾主的好印象。

"精确，一丝不苟，是绘制商业广告和出版物的最重要项目。"华伦先生事后说。

"有些艺术编辑要求我们立刻完成他们所交下来的任务，在这种情形下，难免会发生一些小错误。我知道，某一位艺术组长总是喜欢从鸡蛋里挑骨头。我离开他的办公室时，总觉得心里不舒服，不是因为他的批评，而是因为他攻击我的方法。最近我交了一件很急的稿件给他，后来他打电话给我，要我立刻到他办公室去，说是出了问题。当我到他办公室之后，正如我所料——麻烦来了。他满怀敌意，终于有了挑剔的机会。在他恶意地责备我一顿之后，正好是我运用所学自我批评的机会。因此我说：'某某先生，如果你的话不错，我的失误一定不可原谅。我为你工作了这么多年，实在该知道怎么画才对。我觉得惭愧。'他立刻开始为我辩护起来：'是的，你的话并没有错，不过毕竟这不是一个严重的错误。只是——'我打断了他说：'任何错误，代价可能都很大，叫人不舒服。'他开始插嘴，但我不让他插嘴。我很满意，有生以来我第一次在批评自己——我真喜欢这样做。"

"我接着说：'我应该更小心一点才对，你给我的工作很多，照理应该使你满意，因此我打算重新再来。''不！不！'他反对起来，'我不想那样麻烦你。'他赞扬我的作品，告诉我只需要稍微修改一点就行了，又说一点小错不会花他公司多少钱，毕竟，这只是小节——不值得担心。"

"我急切地批评自己，使他怒气全消。结果他邀我同进午餐，分手之前他开给我一张支票，又交代我另一件工作。"

一个人有勇气承认自己的错误，也可以获得某种程度的满足感。这不仅可以创造自我维护的气氛，而且有助于解决这项错误所制造的问题。

人生感悟

如果你做错了事，又想把事情圆满地解决，那就立即承认好了。

第六篇

敢拼才能赢

有梦想更要有行动

我们常常听到人们各种各样的梦想，每一个梦想听起来都很美好，但在现实中，我们却很少见到真正坚忍不拔、全力以赴去实现梦想的人。人们热衷于谈论梦想，把它当做一句口头禅，一种对日复一日、枯燥贫乏生活的安慰。很多人带着梦想活了一辈子，却从来没有认真地去尝试实现梦想。正如能变得开心的唯一办法是坐直身体，并装作很开心的样子说话及行动！要实现梦想也只有去切实地行动。

在世界篮球史上享有极高声望、被世人称为"飞人"的美国职业篮球运动员迈克尔·乔丹，就是这样一个懂得用自己脚踏实地的全部努力，去实现远大目标的最佳典范。

在乔丹的职业篮球生涯中，他曾经先后创造出了无数个至今仍无人可以超越的纪录。可是在这些令世人为之惊叹的成绩和荣誉背后，却是他不为人知的一段奋斗历程。

早在乔丹还是一个高中生的时候，他曾经因为身高以及其他方面的一些问题，遭到了校园篮球队的无情拒绝，甚至还被当时的教练预言决不可能在篮球运动中取得任何的成就。因为这些充满了痛苦和失意的经历，乔丹在发誓一定要成为世界上最好的篮球运动员后，便开始用一种常人所无法想象的超强度训练，来提高自己的能力和水平。

每天早晨6点，当别人还在睡梦之中的时候，他就已经开始了自己一天的训练，直至夜深人静之后才离开训练场地。即便是成为了举世闻名的篮球巨星后，他的这种努力也从未有过一天的停止。也正是因为在整个NBA，甚至是整个世界范围内，再也找不到一个像他这样拼命奋斗的人，所以乔丹才最终获得了那种在其他人看来简直就像是神话般的巨大成功。

其实，能否实现自己的梦想，外在因素只占小部分原因，主观因素才是能否实现自己梦想的主要原因。一个人要实现自己的梦想，最重要的是要具备以下两个条件——勇气和行动。人们对于做不成的，或者还没有做的事情，很少把原因归结到自己身上，往往都是习惯性地寻找某个外在的理由，为自己开脱一下，舒口气，然后继续过自己平庸的日子，让梦想躺在身体里的某个角落呼呼大睡。

人生感悟

<u>心想不一定事成。事成的前提是全力以赴去做。比如一个人想学游泳，唯一的办法就是一头扎到游泳池里去，也许开始会呛几口水，但最后一定能够学会游泳。所以，当我们拥有梦想的时候，就要积极拿出勇气和行动来，穿过岁月的迷雾，让生命展现别样的色彩。</u>

心动不如行动，想到不如做到

有想法才能够成大业，心动的想法是走向成功的试金石。想法是行动的前提，是成大事的基础。只有行动才能将心动的想法转变为现实，才能实现自己的宏伟目标和远大理想。

在人生的旅途上，需要携带的东西很多，但有一样东西千万不能遗忘，那就是梦想，有梦想的人才能走得更远。人们对梦想总是持一种鄙夷的、不屑的看法，但实际上，每个人从童年直到老年，谁也无法摆脱梦想的纠缠。财富就在我们周围，为什么有的人抓得住，有的人抓不住？这并不是缺乏机会，关键是你还没有行动！

梦想离我们有时很远，有时很近。与其坐等别人把饭喂到自己口中，还不如奋力用双手去搏取。所有的人都能梦想成真，但不是依靠梦想就能成功，不是光凭运气就能成功，也不是依靠他人就能成功。成功是一种看得见的努力，成功是坚持不懈的拼搏。

《中国少年报》"知心姐姐"栏目主持人卢勤，就是通过自己不断的努力，圆了自己少年时代的梦想。现在她成了全国知名的家庭教育专家，到全国各地去讲学，为无数位父母、无数个家庭送去了家教真经，带去了幸福。

小时候的卢勤，有一次在人民大会堂给领导献花时，心里想："哇！这里真好！将来我也要到这里来开会！"爱看《中国少年报》"知心姐姐"栏目的她产生了一个美丽的梦想："长大以后我也要当'知心姐姐'！"后来，她真的有机会去人民大会堂开会了，长大后真的成了"知心姐姐"，并且经常去人民大会堂主持会议。

卢勤说："看到了，想到了，做到了，梦想就成真了。"所有的人都希望自己梦想成真，然而，有了想法如果不去付诸行动，最终只能是做一辈子的追梦人。

出国曾经是多少年轻人的梦想，然而出了国并不是人人都能淘到金子的。只有那些敢想、敢说、敢做的人才是最后的胜利者。加拿大渥太华斯普林特计算机公司（Sprint Computer）总裁承昊阳就是其中一位，白手起家的他被评为加拿大十大华裔杰出青年。2004年，承昊阳当选为渥太华企业家协会主席。

承昊阳出生在中国哈尔滨，14岁时，他和妹妹随父亲来到美国加州。两年后，他独自来到渥太华上高中。那时生活非常艰难，不得不在学习之余打工挣钱。凭着自己的努力，他考取了卡尔顿大学计算机专业。大学毕业后，怀着一份创业的梦想，承昊阳与人合伙在唐人街开了一家计算机公司。他们坚持诚信待人的原则，半年便收回了成本。不久，承昊阳买下合伙人的股份，开始独资经营。公司发展顺利，店面不断扩大，与商家动辄签订百万元的项目合约。"唐人街计算机公司"得到了广大客户的好评，华人社区报纸多次对其进行专访和报道，公司名气也越来越大，成为当地华人企业典范。

在总结自己的成功经验时，承昊阳说："有些事情一定要走出勇敢的第一步，才有成功的可能。"他的秘诀是："很多事情有了想法以后，不要因为太懒惰而不去做；也不要因为太晚而不去做；遇到烦的事情不要烦，而要做。"

承昊阳的成功告诉我们，唯有敢想、敢做才能最终成为赢家。

这个世界，商机无处不在。有些人能发现商机，有些人不能；有些人很早就发现商机，有些人则很晚；有些人勇敢地投身于发现的目标，有些人则半途而废。如果做任何事情都比别人多个"心眼儿"，没有学历也照样赚大钱。

一个仅有初中文化的江西青年，随着南下的打工潮来到深圳打工，当年三十岁的他，工厂进不去、旅社住不起，曾一度流落街头。好不容易才在某水产养殖场找到一份月薪五百元的杂工，除了吃住，一个月下来工资也就所剩无几。

一天，养殖场捆扎螃蟹的水草用完了，老板叫他找小贩进一批货。他这才知道，这种在海边自生自长的水草竟然可以卖到五块钱一斤，比他在家乡卖水果还赚钱！他的心思一下子被激活了，热血涌向脑门，一股创业冲动使他欲罢不能。

他以一个青年农民的眼光看到了水草市场的低成本高利润，只需"镰刀+劳力"，而不必投入什么真金白银，这种"财"实在太适合自己发了。于是，他便利用业余时间跑到海边割了几十斤水草晾晒。经过大胆试验，他发现烈日晒干的水草易折断，而树下阴干的水草韧性好。可一般小贩求快，总是把水草放在烈日下曝晒。

他把阴干的水草提供给他的老板，老板用后向他下了长期订单。之后，他不断留心改进水草晾晒工艺，想方设法使自己的水草成为最好的水草。现在，他的水草日产十吨以上，远销江浙沿海，生产工具早就换代了，他自己也"飞上枝头做凤凰"了，从当年受雇于人的小杂工成为业界有名的水草供应商。

为此，他深深感激深圳，感激这一片热土激发了他、锻炼了他、成就了他。其实，更多的因素在于他有一双善于发现的眼睛，有一颗渴望创造的心灵，有一个付诸实践的行动。否则，水草照样是水草，杂工依然是杂工。

看来，有许多事情，心动不如行动，想到不如做到。要想使自己成功得快一些，就要勇敢地尝试一些别人没有做甚至不敢做的事情。

人生感悟

平庸者与成功者的差距，就在于"心动"与"行动"。成功者总是马上将想法付诸行动。

永葆一颗热忱之心

麦克阿瑟将军在南太平洋指挥盟军的时候，办公室墙上挂着一块牌子，上面写着这样的座右铭：

你有信仰就青年，疑惑就年老；有自信就青年，畏惧就年老；有希望就青年，绝望就年老；岁月使你皮肤起皱，但是失去了热忱，就损伤了灵魂。

这是对热忱最好的赞美词。培养发挥热忱的特性，我们就可以对我们所做的每件事情，加上了火花和趣味。

一个拥有热忱之心的人，不论是在挖土，或者经营大公司，都会认为自己的工作是一项神圣的天职，并怀着深切的兴趣。对自己的工作充满了热忱的人，不论工作有多么困难，或需要多大的训练，始终会用不急不躁的态度去进行。只要抱着这种态度，任何人一定会成功，一定会达成目标。爱默生说过："有史以来，没有任何一件伟大的事业不是因为有一颗热忱之心而成功的。"事实上，这不是一段单纯而美丽的话语，而是迈向成功之路的指标。

一个浓雾之夜，当拿破仑·希尔和他母亲从新泽西乘船渡江到纽约的时候，母亲欢叫道："这是多么令人惊心动魄的情景啊！"

"有什么出奇的事情呢？"拿破仑·希尔问道。

母亲依旧充满热情："你看呀，那浓雾，那四周若隐若现的光，还有消失在雾中的船带走了令人迷惑的灯光，那么令人不可思议。"

或许是被母亲的热情所感染，拿破仑·希尔也着实感觉到厚厚的白色雾中那种隐藏着的神秘、虚无及点点的迷惑。拿破仑·希尔那颗迟钝的心得到了一些新鲜血液的渗透，不再没有感觉了。

母亲注视着拿破仑·希尔说："我从来没有放弃过给你忠告。无论以前的忠告你接受不接受，但这一刻的忠告你一定得听，而且要永远牢记。那就是：世界从来就有美丽和兴奋的存在，她本身就是如此动人、如此令人神往，所以，你自己必须要对她敏感，永远不要让自己感觉迟钝、嗅觉不灵，永远不要让自己失去那份应有的热忱。"

拿破仑·希尔一直没有忘记母亲的话，而且也试着去做，就是让自己保有那颗热忱的心，有那份热情。

在人的一生中，做得最多和最好的那些人，也就是那些成功人士，必定都具有这种能力和心态。即使两个人具有完全相同的才能，必定是更具热情的那个人会取得更大的成就。

热忱一方面是一种自发力量，同时又是帮助你集中全身力量去投身于某一事情的一种能源。

在波士顿，有个棒球队，一直只拥有极少部分的观众，支持他们的力量很弱，他们的表现也很差。但是，后来他们到了密尔瓦基，这里的市民对这个新球队的热情十分高涨，棒球场挤满了人，非常关心这个队，并相信这个队一定可以取胜。

市民们的热情、乐观与信赖，给了这支棒球队极大的鼓舞，次年就几乎跃登联赛的首位。仍然是原班人马，但在这个球队内部却有了一股前所未有的力量，他们因此而发挥了从未有过的水平。观众的热情给这个棒球队输入了新鲜血液，为他们创造了奇迹。

你热心不热心或有没有兴趣，都会很自然地在平时表现出来，没有办法隐瞒。跟某个人握手时紧紧地握住对方的手说："我很荣幸能认识你。"或"我很高兴再见到你。"那种畏畏缩缩而又死板的握手方式，真的还不如不握。只能使人觉得"这家伙死气沉沉，半死不活"。要想找出以这种方式握手的成功人士，不知要等到何年何月，但最终一定会被某个充满热忱之心的人找到。

如果一个人能保持一颗热忱之心，很多事都会迎刃而解。

纽约的一位小姐从秘书学校毕业出来，想找一份医药秘书的工作，由于她缺少这方面的工作经验，面试了好几次都没有成功，她就开始运用热忱原则。在她去面试的途中，她给自己来段精神讲话，"我要得到这个工作，"她说，"我懂得这个工作。我是一个勤快而自律的人，我能够做好这个工作。医生将会视我为不可缺少的人。"在走到办公室的途中，她一再对自己重复这些话。她充满信心地走进办公室，并且热忱的回答问题，医生也就雇用了她。

几个月后医生告诉她，当他看到她的申请表上列着没有任何经验的时候，他决定不用她。只是给她一次礼貌的谈话而已，但是她的热忱使他觉得应该试用她看看。她把热忱带进了工作，而成为了一位很出色的医药秘书。

南非一位叫阿尔夫·麦克衣凡的人以热忱之心和一个暴烈难缠的顾客建立了生意往来。他负责出租起重机给承包商。那位被他称之为"史密斯先生"的人总是非常粗鲁无礼，并且经常大发脾气，见了两次面，史密斯都拒绝听他的解说。但是麦克衣凡还是要再见史密斯一次。麦克衣凡说出了经过："他又在发脾气，站在桌子前面向另一个推销员大声吼叫。史密斯先生脸红得像蕃茄一样，而那个可怜的推销员正浑身抖个不停。我不愿意让这种景象吓倒我，我决心表现出我的热忱。我走进他的办公室，他粗声粗气的说：'怎么又是你。你要什么？'在他继续说下去之前，我先展开微笑，以平静的声音和最热忱的态度对他说：'我要将所有你要的起重机租给你。'他站在办公桌后面15秒钟没有说话。他以很不解的眼光看着我，然后说：'你坐在这里等我。'他在一个半小时以后回来，招呼我说：'你还在这里。'我告诉他我有非常好的计划提供给他，因此我必须要向他介绍这个计划之后才会离开。结果我们订了一年的合约，而且以后还可以做更多

第六篇 ◆ 敢拼才能赢

的生意。"

有一个曾经被自卑、焦虑的病态心理折磨得几乎对自己的事业绝望的人，在经历了一场心理战，并尝试着做出热心的样子之后，终于使自己的事业有了起色，并重新获得了欢乐。

他对自己这一段大起大落的生活感慨万分，他说："我得到了一个深刻的教训，我体会到我必须去做一件了不起的事情，就是改造我自己，唤起自己对生活、对每一件与自己相关联的事情的热情，学会对每个人、每件事都做出热心的样子，并热心去做每件事，让热情贯穿自己的生活，这样，才不至于让沮丧、烦恼占据自己的心，终于我重又得到了充实的生活。我也将永远保持那一份热忱。"

"十分钱连锁商店"的创办人查尔斯·华尔渥滋也说过："只有对工作毫无热忱的人才会到处碰壁。"查尔斯·史考伯则说："对任何事都充满热忱的人，做任何事都会成功。"

人生感悟

没有一颗热忱之心，无论做什么事都不会顺利地完成。热忱是一种待人接物的良好心态，也是一种激发自身潜能的巨大力量。在生活和工作中，以一颗热忱之心对待一切，往往会产生奇迹。

成功需要再迈出一步

成功看起来好像高不可攀、遥不可及，其实有时却与失败只有一步之遥。在现实生活中，有些人之所以常常与成功失之交臂，关键就在于他走了九十九步而没有走完最后一步。在作出了种种努力而成功却迟迟不来之后，便心灰意懒地放弃了对成功的追求。

殊不知，就在他觉得成功遥遥无期而放弃继续努力的时候，成功却在离他不远的地方向他招手。其实，很多时候就是这样，成功离你已经不远了，只要你再迈出一步，便能看到成功的曙光。而你若不敢再走，那就可能永远与成功失之交臂了。跳台边，一群小女孩在练习跳水，当所有的孩子都已勇敢地从三米跳台跳下水时，只剩下一个小女孩没有跳。恐慌写在小女孩的脸上，老师在旁边鼓励她，周围的同学也在鼓励她，但她就是害怕，害怕得泪水已经流了出来。

"还有几分钟就要下课了。"老师似乎已经对这个小女孩失去了耐心，有些不满地说。小女孩听了，腿抖得更厉害了，但是她艰难地退了一小步，又前进了一大步，往跳台下看了看——三米的高度。突然，周围的人看见她闭着眼睛跳了下去，水花溅得很高，但掌声却响了起来。

"安格拉，我们都为你自豪，你是怎样战胜自己的胆怯的？"旁边的伙伴问她。此时，这个叫安格拉的12岁小女孩已经抹干了泪水，穿上了衣服。她用还有点发颤的声音慢慢地说："我突然想起了爸爸说过的一句话，他说在困难的时候，闭着眼睛也要往前迈一步。"

安格拉的爸爸是当地一位有名的神学院院长。他对安格拉的要求很严，希望她能在同龄人中出类拔萃。她从没有忘记父亲对她的教诲，在各个方面都很刻苦，即使是在最差的体育方面，她也做到了坚持。

因为这样一个信念，安格拉在学业上进步很快，尤其是在科学方面显露出不同凡响的能力与才华。她两次参加华约国家奥林匹克数学竞赛，她的数学老师曾这样评价她："我从来没有在数学班上见过像她这样的女孩。她真的很少见——逻辑性强、分析能力强，注意力非常集中。"32岁时，她获得了物理学博士学位。

与此同时，这个平时学习成绩一路领先，在生活中却显得有些保守的年轻人，开始显露出她另外出色的一面，那就是表现出了对政治的极端关注以及由此所延伸出来的属于她的政治辉煌。

她就是安格拉·默克尔——德国历史上第一位女总理，也是最年轻的总理。一个长期被人忽略的，被很多人称为"小灰老鼠"的女政治家。当有记者问她，为什么能坚持到最后并取得胜利时，默克尔笑了。她说，她突然就想起了孩提时的那次跳水，那个胆怯的小女孩终于鼓足勇气往前迈了一步。"我要好好地感谢我的父亲，因为他在我面对困难的时候总会重复这样一句话：当你在烦恼事情没有什么进展时，请不要停下你也许发抖的双脚，请你再往前迈一步，只要一步。"

一位开采油田的投资商，在一个据说储藏了大量石油的地区钻井开采石油，可是钻到地下100米时还没有见到石油。于是，他移开一段距离后又重新钻挖，可是这次钻到地下100米时还是没有见到石油。他又气愤地移到别处开采，如此反复七八次后，还是未能如愿，最后他只好放弃了开来的计划。

有意思的是，在他放弃以后，他的另一位开发商朋友得知了此事，便安排人马来到他曾经钻过的地方，继续往下钻。等钻到地下约120米时，大量的石油滚滚而出，他因此而获得了大量的回报。

由此可见，即使你奋斗的方向是正确的，也有积极的行动，但是，如果你不能坚持到底，那么你很可能会功亏一篑，不会取得最后的成功，甚至使你已经作出的努力也白白浪费。

人生感悟

成功者之所以成功，就在于比失败者多坚持了一分钟，多走了一步路。

坚持是成功的基石

"水滴石穿，绳锯木断。"这句话中包含的道理，每个人都懂。为什么小小的水珠能够把坚硬的石头滴穿？软绵绵的绳子可以将木头锯断？说穿了，这就是坚持的力量。一滴水珠的力量不足挂齿，然而经过许多水滴坚持不懈的努力，最终却能完成将石头滴穿的艰巨任务。同样的道理，绳子也才能将木头锯断。

俗话说得好：功到自然成。每个人在成功之前难免会遭受一些挫折，然而只要你能做到坚持不懈地努力，那么，成功就触手可及。现在无论是学习，还是事业，当你站在困境面前，就一定要学会坚持到底。

一位20岁的青年在卖菜时还看着《资本论》，苦战10年，他终于考上了社科院研究生。卖菜、扫大街、蹬三轮……走南闯北，一个普通农民工用10年工夫换来了自己的梦想。

郭荣庆于1974年出生在沂蒙老区——山东沂南县青驼镇东冶村。17岁时他初中毕业，虽然成绩很好，但还是因为家庭贫困不得不辍学了。像村里的年轻人一样，郭荣庆开始了漂泊的打工生活：他到过上海、徐州、威海、秦皇岛，他挖过地沟，扫过大街，拣过破烂……被地痞辱骂、殴打过。

1995年，郭荣庆在大连落脚了。一次与大连环境科学设计研究院的高级工程师瀛文风的相遇,使他萌生了参加自学考试的念头。作为一个在都市打工的农民,郭荣庆既要面对大于常人的生存压力,又要面对毫无情面可讲、更无投机可言的国家统一考试。他能行吗?在困难面前郭荣庆没有退缩,他坚持自学英语,背单词、学语法、练听力,他通过日积月累,弥补了自己英语底子薄的缺点。

郭荣庆做到了。2004年,他终于被中国社会科学院研究生院录取。

一名普普通通的初中生经过10年的奋斗,终于实现了自己的梦想。他在生活条件如此艰难的情况下也动摇过,但最终还是咬着牙关挺过来了。终于,他付出的代价得到了回报,他的坚持换来了人生的改变。他用行动告诉了我们坚持的力量。

杰克·伦敦是一名在苦难中诞生的著名作家,也曾坦言他的成功是建立在坚持之上的。他在成功之前所吃过的苦头、付出的代价比其他人要多好几倍。同样的,他还是成功了,因为他有坚持作为保障。

人生的旅程是曲折险阻、机关密布的。自古至今,胜败乃兵家之常事,面对失败,不必畏惧。只要你拥有一颗铁铮铮的恒心和坚如磐石般的毅力,就一定经得起失败与挫折的考验,这样,你就已经取得了成功。面对失败,你若一味地选择躲闪和逃避,恒心和毅力便成为一盘散沙,经不起任何的磨难,成功又从何谈起呢?世间万物的发展都离不开其自然规律,面对失败时,要学会从容,理清头绪;面对成功,要学会戒骄戒躁,时刻保持清醒的头脑,做最明智的选择。以坚持不懈为向导,你的理想就会成真。

杰克·伦敦是一名在苦难中诞生的著名作家,也曾坦言他的成功是建立在坚持之上的。他在成功之前所吃过的苦头、付出的代价比其他人要多好几倍。同样的,他还是成功了,因为他有坚持作为保障。

人生的旅程是曲折险阻、机关密布的。自古至今,胜败乃兵家之常事,面对失败,不必畏惧。

只要你拥有一颗铁铮铮的恒心和坚如磐石般的毅力,就一定经得起失败与挫折的考验,这样,你就已经取得了成功。面对失败,你若一味地选择躲闪和逃避,恒心和毅力便成为一盘散沙,经不起任何的磨难,成功又从何谈起呢?世间万物的发展都离不开其自然规律,面对失败时,要学会从容,理清头绪;面对成功,要学会戒骄戒躁,时刻保持清醒的头脑,做最明智的选择。以坚持不懈为向导,你的理想就会成真。

人生感悟

坚持的力量是无法想象的，它产生的效果也是你无法预料的。如果你现在还未取得成功，不用担心，只要你学会了坚持，相信胜利的曙光早晚会属于你。

努力不一定成功，但放弃绝对失败

在追求成功的路上，我们总是会遇到各种各样的阻碍，有时这难免会让我们不自信，甚至会认为即便努力了也不一定成功，还不如直接放弃。的确，成功不是仅靠努力就能获得的，还需要满足很多条件，任何一个细微的标准到达不了，我们都可能与成功遥遥相望。但是在没有真正得到结果之前，一切都只是猜测，也许努力的结果仍会是失败，但是如果就此放弃，那么就彻底泯灭了成功的可能，等于我们自行放弃了争取成功的权利。

与其甘心放弃，不如放手一搏，也许就是这一搏，就能收获意想不到的成功，即便是真的失败了，那些全力以赴的追求过程对我们来说也是一笔宝贵的财富，败也败得毫无遗憾。

施乐公司作为世界著名的500强企业，在业内有着广泛的影响力和雄厚的实力，施乐公司的产品一直被许多独立的测试机构评定为"世界最佳品质"，从1980年开始，施乐公司在全球20个国家获得了25个国家质量大奖，其中还包括世界上最高级别的三项质量奖项，几乎成为全球最炙手可热的文件处理产品和服务供应商，但是在施乐公司在成立伊始，却是从渺茫线上走过来的。

1938年，对发明颇感兴趣的年轻专利事务律师切斯特·卡尔逊在自己简易的实验室中，成功地制作出了第一个静电复印图像。自此之后，卡尔逊带着自己的专利奔走于当地二十多家公司，希望可以出售这项发明专利，但是遗憾的是，由于当时的复印市场早已被碳素复写纸占领，人们对复写纸的简单快捷深信不疑，没有人愿意相信卡尔逊的这项专利会给他们带来什么利润，而且原始复印机笨重难看，更没有人前来问询，包括IBM和通用电气公司，也都拒绝了这项发明。直到1944年，俄亥俄州的巴特尔研究院才接受了卡尔逊的这项专利，并与他签订了合同，几年的奔走终于得到了结果，他获得了对方的资助，成功地改进了这项技术，并取名为"电子图像复制技术"。

三年之后，一家地处纽约州罗彻斯特生产相纸的哈罗依德公司，前来购买了开发并销售卡尔逊这项发明的全部专利权。对于当时这种新型复印技术尚未兴起的时代，做这样结果未卜的生意还是一件新鲜事，很多公司唯恐避之不及，但是这家公司却对其充满了信心，对此，这家公司表现得全力以赴。

得到专利权之后，公司将卡尔逊研究出的"电子图像复制技术"改名为"静电复印术"，并为复印机附上新的商标"施乐"，在1948年同时推进市场。没想到一经推出，公司便获得了意想不到的成功。1959年，施乐公司生产出了颇具代表性的914复印机，到1961年时，施乐公司生产的普通纸自动办公复印机已经被全世界所接受。从此"施乐"成为家喻户晓的印刷品牌，随着复印技术的不断发展，其优越的产品性能也越来越多地受到用户的赞许和肯定，而施乐公司也不断壮大，在全球各地开设分公司，成为覆盖全球的电子印刷企业，如今施乐似乎早已不再单纯地作为公司名称出现，提到施乐，人们总会自然而然地联想到印刷、胶片，可见施乐公司在世界和人们心中的地位。

如果说卡尔逊是新一代复印技术的奠基人，那么施乐公司就是全新复印时代的开创者。

无论是卡尔逊昔日的成绩还是施乐公司如今的不同凡响，都是他们始终不渝地努力的结果。试想如果不是哈罗依德公司一再地坚持购买卡尔逊的技术，这家曾经名不见经传的小公司怎有可能成为享誉世界的施乐公司？如果不是卡尔逊坚持为自己的专利寻找出路，又怎么可能有这样一项神奇的技术问世，并不断获得发展发扬光大呢？

也许努力不一定成功，但是放弃一定会失败，坚持不仅是一种信念，更作为一种成功的筹码，只要坚持不放弃，我们就能不断朝着成功的方向迈进，即便暂时没有成功，但是至少没有放弃，成功对于我们来说就会更近。

相反，即便是成功了，一旦放弃努力也有可能重归失败，王安石在《伤仲永》中曾经讲述过这样一个故事，是说一个名叫仲永的孩子3岁便学会了作诗，于是他的父亲便整天带着他到处卖弄，村里的秀才、举人看了也是大加褒奖，称其："文理皆有可观之处"，这让仲永也觉得自己很了不起，结果便不思读书，整天放任自己。等到七八岁时，人们都说仲永的文采不如从前，可是仲永与父亲却并未在意，到仲永16岁时，作诗的能力已大不如前。

由此可见放弃努力不仅仅会使人裹足不前，还有可能导致能力的退化，一旦放弃努力，那么失败就会随时光顾，所以坚持努力不仅是为了争取成功，更是为了给自己的明天一个交代，带着永不放弃的态度去做事，那么对我们来说就是一种胜利。

人生感悟

失败者的一大弱点就在于放弃，成功的必然之路就是不断地重来一次。

与其放弃，不如一试

每一个成功的人物背后都有一段传奇的故事，但是这样的传奇是由人去创造的，而且我们会发现每一段传奇都会给我们留下一个印象：成功不是偶然的，你必须历经艰难而仍然怀有顽强拼搏的信念，幸福才会来敲你的门！

为什么幸福还没来敲你的门？是因为你付出的还不够多，是因为你在困难面前放弃了继续追求的勇气，是因为你没想过为了成功放下你的尊严、你的傲气甚至你的小聪明。成功不需要太多的聪明和技巧，决心和忍耐比这些更重要。与其不尝试而失败，不如尝试了再失败。

当年英国首相丘吉尔被邀请到大学搞一个关于成功"秘诀"的演讲。这件事几乎轰动了欧洲，因为丘吉尔本身就是一个顶尖级的成功人士，而他演讲的话题是关于成功的"秘诀"，因此会场被挤得水泄不通。

演训开始前，全场掌声雷动。然而，丘吉尔只说："成功的秘诀有三个——第一个，是绝不放弃。"他的话语坚定有力、简练精当。人们在兴奋中静听下文。

丘吉尔接着用缓缓的语调说："第二个，是绝不、绝不放弃！"全场仍在期待着。

"第三个，是绝不、绝不、绝不放弃！"丘吉尔大声地说。

好长时间的寂静过后，是暴风骤雨般的掌声。

人生就好比一次旅行，辛劳和苦难就是我们所不能不花的旅费。而在这一趟旅程中，我们可以得到各种各样的经验。当我们痛苦的时候，可以当做那是我们在旅途中的涉水跋山、走狭路、过险桥。而当我们快乐的时候，那就是我们到达了风光明媚的处所，卸下了行装，洗去了风尘，在欣赏流连。也正如旅行一样，我们不能总在日月潭涵碧楼住着，住一阵之后，我们就又该背起行囊去寻觅下一个佳境了。所以，我们为了追求属于自己的幸福而努力，为了实现自己的梦想而奋斗，即使失败，也不应悔对今生。

世界的改变、生意的成功，常常属于那些抓住时机、勇敢去尝试的人。还有一些自认为聪明的人，对不测因素和风险看得太清楚了，不敢冒一点险，结果"聪明反被聪明误"，永远只能"糊口"而已。

"勇敢减轻了命运的打击"，这是古希腊哲学家德谟克利特的名言。而人生常常遇到许多难题，做一个勇敢的人便不是一件易事。

成功者与失败者并没有多大的区别，只不过是失败者走了九十九步，而成功者走了一百步。成功者站起来的次数比失败者多一次。当你走了一百步时，也有可能遭到失败，但成功却往往躲在拐角后面，除非你拐了弯，否则你永远不可能成功。

潜能要转化为才能，并不是自然而然进行的，善于发现和肯定自己，是潜能得到发挥的先决条件。我们处于一个竞争激烈和大浪淘沙的时代，应该相信并认可自己的独一无二，要善于发现和肯定自我，发掘自己的闪光点，做自己的"伯乐"，勇敢自荐，只有肯定自己才能实现自己最大的价值。

肯定自己，不要只停留在认知层面上，更重要的是敢于尝试和善于尝试。尝试是机会，是认识和发展自我的机会，也是发挥和发现自己潜能的最好办法。尝试需要勇气，因为也许会遇到困难和失败，但更有可能遇到成功，不尝试则什么也没有，一切如初。尝试使人思索、使人明智、使人练达，明智练达又富有创新精神的人，人生才会卓越，生命才能不同凡响。

如果不是大胆尝试，也就不会出现一位卓越的香港特区行政长官。20岁那年，一位年轻人因为家境贫寒而辍学并踏入社会。那时正赶上经济萧条时期，要想找一份工作无疑很难。一家知名医药企业刚刚贴出招聘科员的告示，就引来数十名应聘者，面试时他被排在了三十多位。

有几位求职者沮丧地从招聘室走出来，说："他们条件很苛刻的，没有大学文凭和两年以上的从业经验者一概不收！年龄也要求25周岁以上！"门外应聘者呼啦一下散去了很大一部分，但他没有走。

这时，身后有一名应聘者小声地对他说："小伙子，我看你的条件哪条都不适合，不如走了算了！"他听后，笑了笑说："机会难得啊，即便是不符合条件，我们也应该有试一试的勇气，说不定就被录用了呢！"应聘者们听后都觉得他有些自不量力。但随后的结果令大家大吃一惊：他虽然未被招聘为科员，但招聘主管却因他形象不错且口齿伶俐，破格录用他做了一名药品推销员。

后来，他凭借着对机遇敢于试一试的勇气，短短的10年时间，就从一名普通的推销员一路飙升为香港政要。并在1998年亚洲金融危机中，敢于动用外汇储备干预股市，以过人的胆识、智慧及谋略捍卫了香港的金融体系。

他就是香港特区行政长官曾荫权。

看来，大胆向前走几步，勇敢地进行尝试是多么的重要！在生活中我们往往因为自身的某种缺陷和不足以及外部苛刻条件的限制，轻易就打起了退堂鼓，甚至连试一试的勇气都没有。曾荫权用自己的人生经历告诉我们这样一个道理："英雄莫问出处，成功在于尝试。"

人生感悟

尝试，是人生的一道槛，跨过去，风光无限。没有人一生都是一帆风顺的，任何人随时都会碰上磨难，勇于尝试才能获得成功。没有尝试，就会显露出人生的肤浅苍白；离开尝试，就意味着没有了思想之源。尝试，使胆小者不再卑琐乖戾，使强者更加顽强坚忍。

胆量有多大，收获有多大

成千上万的人做着创业梦，但只有少之又少的人勇敢地付诸行动。在没有资金的情况下，敢想、敢说、敢做也是一种资本。当你拥有足够的想象力，在资金短缺的原始积累初期，它能发挥出难以想象的"资本"威力。所谓"撑死胆大的，饿死胆小的"，这似乎是商界一条中外相通的法则。

过去人们一直认为勤奋是成就事业的法宝，但随着时代的变化，现在越来越流行"胆商"的说法，认为胆商也是成功的必要条件之一。越来越多的实证表明，高智商并不一定能成功，智商高只是一种优势。很多高智商者根本无法充分发挥他们的潜能，取得应有的成功。

科学表明，胆商对于成功的重要性已经远远超出了智商。一项对1048名经理人进行的能力测试发现，胆商指数的高低是一个人事业成功与否的重要参数，其次是情商，再次才是智商。

如果说人生、事业、财富像一座座大山，那么高胆商人士就会不畏艰险，不断攀登，把每一个困难都当成一次挑战，把每一次挑战都当成一次机遇，并最后傲立于巅峰！而缺乏行动力的高智商者，只能叹为观止。

福布斯富豪榜中的"草根英雄"王传福冒险创业的事迹激励着一代又一代人。他原是一文不名的农家子弟，26岁时便成为高级工程师、副教授。在短短7年时间里，将镍镉电池产销量做到全球第一、镍氢电池排名第二、锂电池排名第三，37岁便成为饮誉全球的"电池大王"，坐拥三亿美元的财富；2003年，他斥巨资进驻汽车行业，发誓要成为汽车大王……他就是比亚迪股份有限公司董事局主席兼总裁王传福。

是什么成就了他青年创业的神话，成为商界奇才的呢？很多人认为答案是智慧、精炼和汗水，而他自己则认为："最关键的是要有冒险精神。"

敢于冒险、敢想敢干及当断则断的作风，为王传福的成功带来了致富的传奇色彩。

王传福在每次决定冒险之后，都会凭借他独到的技术，细心地实现预期的结果，享受冒险带来的乐趣。但是，王传福从不冒无把握、无计划之风险。每次冒险前，他都有妥善的计划。他认为，成功的冒险并不是盲目的，也不是碰运气，而是在正确的计划和步骤指引下进行的。

王传福相信一点：最灿烂的风景总在悬崖峭壁，富贵总在险境中凸现。冒险精神给比亚迪的初期发展带来了举世瞩目的成就，比亚迪要成为汽车大王同样需要冒险精神，更需要一支敢于冒险的企业团队。

一个人要能拼能赢，首先要把明确的目标和梦想结合起来，因为这是行动的起点。改变事物的一个主要方法就是要有一个明确的目标。在很多情况下，强者之所以成为强者，就是因为他们"敢为别人所不敢为"。走运的人一般都是大胆的，胆小怕事的人往往最不走运。

有一天，心情极度沮丧的威尔逊正在孟斐斯市郊区散步。突然，他看到这里有一块荒废的土地，由于地势低洼，既不宜耕种，也不宜盖房子，所以无人问津。就在这时，一个绝佳的投资计划在他的头脑中形成了。于是，他连忙向当地土地管理部门打听，看看能否以低价收购这块荒废的土地。

在得到有关部门的肯定答复之后，他立即结束了自己零售商的业务，以低廉的价格买进这块地皮。威尔逊不仅敢想，而且敢做，这便是"当机立断"。

可是，包括他母亲在内，所有的亲朋好友都对他买进这样的一块地皮表示怀疑。

他们对威尔逊说："我们不了解你这样做的用意究竟何在？"

"我不太会做零售生意。"威尔逊说，"我想再干我的老本行——盖房子。"

"做你的老本行我不反对，可是，像你这样乱投资，买这块地皮简直是毫无道理。虽说价钱的确很便宜，但买下这样的一块废弃而毫无价值的土地，再便宜又有什么用呢？况且那块地皮太大，整个算起来也要不少的钱，利息的负担也是一笔很大的损失。"

"亲爱的妈妈，这种事我无法向您解释，请您不要再操心了。我做了这么多年的生意，我的判断不会比您差，有一天，您就会了解我的做法。"

"我不是干涉你的决定，"母亲接着说，"我只是提醒你，你的资金不多，要做有效的利用。"

"是啊，"威尔逊的太太也在一旁帮腔，"你已经赔掉十几万了，不能再胡乱冒险，难道我们这么多人的智慧不如你一个人？"

最终，威尔逊说服了妻子和母亲，按自己的想法去做。

不久，威尔逊终于在这个地方创办了著名的假日饭店。在他看来，住惯了高楼大厦、吃腻了加工食品的城市居民们，大都有厌烦都市生活的心理，因此他们乐于在节假日期间回到大自然的怀抱中，呼吸一些新鲜空气，一面观赏大自然的美丽风光，一面在这青山绿水之间放松自己疲惫的身心。而在威尔逊的假日饭店中，他为人们所提供的具有浓郁乡土气息的地道的农庄建筑，再加上农家生产的蔬菜、瓜果等食品，都为久居都市的人带来了一股清新的气息。因此，它一诞生就受到了人们热烈的欢迎，很快，威尔逊首创的这家"假日饭店"就发展到相当大的规模，也为他带来了巨大的经济利益。威尔逊实现了他自己的诺言，既方便了他人，又为自己带来了利润。

面对竞争激烈的大千世界，成功所需要的是放开胆子敢拼敢打的闯劲儿。胆子越大，步子越快，你离成功就会越来越近。

一个不敢冒险的人，是根本不可能冲破人生难关的。然而，世上大多

数人不敢冒险，他们熙来攘往地拥挤在平平安安的大路上，四平八稳地走着，这路虽然平坦安宁，但距离人生风景线却迂回遥远，他们永远也领略不到奇异的风情和壮美的景致。平平庸庸、清清淡淡地过一辈子，直到走到人生的尽头也没有享受到真正成功的快乐和幸福的滋味。

人生感悟

生命运动从本质上说应该就是一次探险，如果不是主动地迎接风险的挑战，便是被动地等待风险的降临。唯有大胆向前，敢于打破以往的秩序，通过冒险取得胜利后，才能享受到人生的最大喜悦。现代人应该强烈地追求这种境界而不应安于过一种平平常常、千篇一律的生活。

绝不畏惧和躲避成功

在大多数人的印象中，人们似乎都是在追求成功的，但事实并非如此，许多人还畏惧成功乃至躲避成功。

信不信由你，人们往往是害怕成功多于失败的。

这话听起来似乎很荒谬，事实上当您仔细回想一下，每次自己即将取得成果的那一刻，内心总泛起矛盾不安的心情时，您便不得不承认这个说法了。

对于自己努力的成果，我们本该迫不及待地去迎接它，偏偏自己却有点犹豫，宁愿一直停留在那个艰苦劳碌的阶段，而不想踏前一步，伸手去领取自己的果实。到底还要顾虑什么呢？

虽然我们满脑子皆是愿望，譬如：希望成为大富翁、名人、伟人，或创一番大业等，每天不停地想法子去达到这些目的。但很多时候这些理想，最终却成为空念。

著名心理学家马斯洛曾经以"约拿情结"来概括这一现象。约拿是《圣经》中的人物，平时一直渴望得到上帝的宠幸。有一次，机会来了，上帝派他去传达圣旨，这本是一桩神圣光荣的使命，平时的宿愿可以如愿以偿。但是，面对突然到来的、渴望已久的荣誉，约拿却莫名其妙地胆怯起来，他逃避了这一神圣的使命。由于躲避自己的使命而受到上帝的惩罚。

马斯洛以这一人物的象征意义，说明一种奇怪的心理：人们不仅躲避自己的低谷，也躲避自己的高峰；不仅畏惧自己最低的可能性，也畏惧自己最高的可能性。"躲避成功症"发展到极致，就是"自毁情结"，即面对机会、成功、幸福等好的东西时，总是浮现"我不配"、"我承受不了"的念头，最终导致自我把它们毁灭。人们"躲避成功"，有多种原因，有的是害怕受苦，有的是自视极低，有的是害怕招人嘲笑。

我们中的很多人，表面看来，似乎有追求成功的理想，但是，却并不对它当真，而是抱着一种"能成就成，不能成就拉倒"的态度。尤其在面临必须吃苦的情况时，更是十分容易放弃，这是很多人之所以失败的原因。

日本"经营之圣"稻盛和夫曾言："若要成功，必须要拥有渗透到潜意识中的强烈而持久的愿望。"成功人士尤其是极其成功的人士，无一不把成功看成人生最重要的目标之一。他们深刻地认识到："生命不仅是不可重复的，也是转瞬即逝的。因此，在这一生中，自己有责任不断追求，小则为自己，大则为他人，去创造成功的事业和生活。"

对于成功者而言，他们有一种"非成功不可"的意志，所有困难，所有自己现有的缺陷，都不构成放弃追求成功的理由。

有这样一个事例：日本最有名的推销员原一平，在刚走上推销岗位的头7个月，没有拉到一分钱保险，当然也拿不到一分钱薪水。只好上班不坐电车，中午不吃饭，每晚睡在公园的长凳上。但他依旧精神抖擞。每天清晨5点左右起来后，就从这个"家"徒步去上班。一路走得很有精神，有时还吹吹口哨，还热情地和人打打招呼。有一位很体面的绅士，经常看见他这副模样，很受感染，便与他寒暄："我看你笑嘻嘻的，全身充满干劲儿，日子一定过得很痛快啦！"并邀请他吃早餐，他说："谢谢您！我已经用过了。"绅士便问他在哪里高就，当得知他是在保险公司当推销员时，绅士便说："那我就投你的保险好啦！"听了这句话，原一平猛觉"喜从天降"。原来这位先生是一家大酒楼的老板，他不仅自己投保，还帮助原一平介绍业务。从此，原一平彻底"转运"了。

原一平的事例说明：一个人的力量，主要来自内在。只要首先从自己的内心找到力量，任何外在的困难都不难克服。

躲避成功的最常见的理由，是说自己不行。为何说不行？"事实证明我不行"。原来是经过多少次尝试，或受过几次挫折后，便认为自己只有那么一点水平和能力。

美国心理学家协会主席马汀·西里格曼，曾做了一个电击狗的实验。

在笼子里的狗想尽一切办法躲避却无法躲避时，就认命了，即使改变有关条件，即它再想法去躲就可以躲掉电击，它也认为挣扎是无效，再也不去作"无谓的努力"，依然躺下来忍受痛苦。于是，他将狗的这种行为命名为"习得的无助"。后来，心理学家唐纳德·西洛托对人也作了一个类似的实验，也发现在人身上，同样会得出"习得的无助"的结果。这一理论，被美国心理学界称为里程碑式的理论。

有这样一位青年人，由于自幼与父母分离，在被寄居在他人家里时受过别人多次羞辱，此后便对自己看得很低。长大以后，即使已经有足够的条件追求成功，但他总是不自信。不仅如此，还通过潜意识中采取手段，采取一些连他自己都弄不懂的行为（如丢弃文件、造成冲突），把垂手可得的成功毁掉，还进一步庆幸："我真英明。事实证明我有先见之明。"这是一种颠倒因果的自毁方式。

事实上，与其说这是"习得的无助"，还不如说是"习得的无力"——因为其感受到的，并非缺乏帮助（无助），而是缺乏自身的力量。这一"习得"，并不局限于实验，在生活中，由于自己碰过壁，或者由于别人不断向你灌输某种"你不行"的理念。本来颇有能力的人，就容易产生"四面八方都通不过"的感觉，最终干脆放弃努力。"习得的无力"是可以改变的。正如马汀·西里格曼的实验一样，应该警惕：所谓"事实证明我不行"，不过是有几次偶尔的挫折和失败，它们并不能代表生活的全部，更不代表你永远失败。你完全可以通过改变外在条件，或提高内在能力，否定"事实证明我不行"。多试几次看一看，说不定你会创造原来想象不到的奇迹。

那些最大的成功者，总是敢于在风口浪尖上考验自己，将"我不配"三个字从字典中删除。他们不接受外界加给自己的"不配"，更不允许自己对自己打击。在别人觉得最不可能成功的地方，他们最终取得了别人无法想象的成功。

清朝末年，孙中山留学归来途经武昌总督府，想见湖广总督张之洞。他递上"学者孙文求见之洞兄"的名片，门官将名片呈上。张之洞很不高兴，问门官来者何人？门官回答是一儒生。张总督拿来纸笔写了一行字，叫门官交给孙中山：持三字帖，见一品官，儒生妄敢称兄弟。这分明是瞧不起人。孙中山只微微一笑，对出下联：行千里路，读万卷书，布衣亦可做王侯。张之洞一见，不觉暗暗吃惊，急命大开中门，迎接这位风华正茂的读书人。对这样一个不躲避成功，勇向高峰冲刺的人，谁能抵挡呢？

人生感悟

许多人失败的原因之一，就是在成功面前显得有些懦弱。

有勇气，才能有财气

一个人处于人生的三岔路口上，对自己人生目标的选择就要有一定的勇气和自信，因为有时在权衡利益关系的得失成败上，没有破釜沉舟的气魄是难成大事的。在勇士的眼中，充满对未来美好生活的憧憬，并向着美好的生活而努力；而在懦夫的眼中，无论做什么事都有危险，认为生活中充满险阻。热爱生活，总是蔑视困难，永远向前，这就是勇士与懦夫的区别所在。从某种意义上来说，风险有多大，成功的机会也就有多大。由贫穷走向富裕，需要的是把握机遇，而机遇是平等地铺展在人们面前的一条通路，具有过度安稳心理的人常常失掉一次次发财的机会。所以，人生应当抓住稍纵即逝的机会，过度的谨慎就会失去它。在我们身边，许多相当成功的人，并不一定是他比你"会"做，更重要的是他比你"敢"做。

在20世纪40年代，法国著名的服装设计师皮尔·卡丹，以勤奋努力和孜孜好学的精神跻身于法国时装界。在当时的法国时装界，只要被认可是高级服装生产行业，就要受到很严格的行业规定的限制，而在当时，在那个限制森严、顾客有限的行业中，按皮尔·卡丹在时装界的声望，已是一个引人注目的风云人物。也正因为那个时代的行业规定只是为少数贵族服务的，也就激发了皮尔·卡丹要为广大消费群体服务的勇气和信念。

大家都知道，如果一个人只满足于现状，停滞不前，是不会有更光明的前途的。因为从你的自身意念上就失去了求进的勇气，那是很可悲的。

立志于社会竞争的人们，一定要杜绝犹豫不决的弱点，不要总盯着可能有的一点点风险裹足不前，在必要的时候就要孤注一掷。不敢冒风险，就不可能有较大的收获。张继东，济南继东彩艺印刷有限公司董事长，大胆靠借来的起步资金在商海打拼成功，就是一个很好的例子。大家对他的一致评价就是"大胆"二字。如果不是因为大胆，或许中国油画界又会多一个虔诚的门徒，因为他曾遵从父命学习油画；如果不是因为大胆，他父亲的企业里会多出一个继承者，因为他的父亲曾是一家企业的厂长；如果不是因为大胆，济南的彩色印刷或许会晚两年起步，因为是他借款13万元攻入彩印市场。

　　1995年，26岁的张继东不甘于在家族式印刷厂的狭小天地奋斗，而毅然"离家出走"。后来，经过慎重考虑，做出了一个大胆的决定——"另立山头"，自己开办印刷厂。像一般年轻人一样，怀着成功的梦想，张继东和妻子李霞两人走上了创业之路，"主攻"彩色印刷市场。张继东东拼西凑，四处筹借了13万元。1995年8月23日，张继东在南辛庄附近租了150平方米的一个厂房，赊欠了一台印刷机器，成立了印刷厂。

　　时隔十余年，张继东仍然清楚记得公司成立后的第一桩大买卖："接了第一单大业务，我兴奋得都睡不着觉。"生意取得"开门红"后，张继东的生意一发不可收，当年年底便还清了所欠债务。在公司取得高速发展的同时，张继东又敏锐地捕捉到一些新的商机——数字印刷的市场前景和发展前途是不容置疑的。张继东决定及时转变思路，把市场定位在数字印刷。于是他购买了数码印刷系统。后来，经历了诸多波折和坎坷之后，张继东的事业已如日中天，并一举成为"奥运顶级赞助商"的合作伙伴。

　　张继东凭着自己的胆量成功了。然而，大部分人都是活在忧虑当中。时而担心自己退步，时而担心自己停滞不前，亦担心自己不能达到某个目标。这是阻碍我们勇往直前、做事不能坚持到底的原因之一。

　　其实，很多成功的门都是虚掩着的，只有勇敢地去叩开它，大胆地走进去，才能探寻出个究竟来。敢于破禁区者，必有意想不到的收获。

　　一天，某公司经理叮嘱全体员工"谁也不要走进一楼那个没挂牌的房间"，但他没解释为什么。在这家效益不错的公司里，员工都习惯服从，大家牢牢记住了经理的叮嘱。

　　几个月后，公司又招聘了一批员工，经理对员工又交代了一次那句话。这时有个年轻人在下面嘀咕了一句："为什么？"总经理满脸严肃地答道："不为什么！"回到岗位上，那个年轻人还在思考着经理的吩咐，其他人便劝他只管干好自己的工作，别的不用瞎操心，听总经理的没错。年轻人好奇地偏要刨根问底。众人便拿出公司的规章制度，提醒他别砸了手里让人羡慕的饭碗，可年轻人偏偏来了犟脾气，非要走进那个房间看看。

　　他轻轻地叩门没有反应，再轻轻一推，虚掩的门开了。不大的房间里只有一张桌子，桌子上放着一个纸牌，上面用红笔写着："快把纸牌拿给经理。"年轻人十分困惑地拿起那张布满灰尘的纸牌走进总经理的办公室。经理看到纸牌反而十分高兴，并且宣布了一项令公司内外震惊的消息——"从现在开始，你被任命为销售部部长。"

在后来的日子里，年轻人果然不负所望，不断开拓进取，把销售部的工作搞得红红火火，并很快被提为销售部经理。事后许久，总经理才向众人做了如下解释："这位年轻人不为条条框框所束缚，敢于对上司的话问个'为什么'，并勇于冒着风险走进某些'禁区'，这正是一个富有开拓精神的成功者应具备的良好素质。"

任何冒险总有一个开端，这时候你放弃它会使你少受或者不受损失，但那个时期会很快地消逝。当时间已经过去，机会已经溜走，你所处的环境的黏合剂就会迅速固化，你的双脚就被牢牢地粘在那里，也许是一辈子。

然而，人们的冒险精神似乎是随着年龄增长而逐渐消退的：一方面是由于人们在经历失败以后容易产生挫折感而泄气，如果没有适度的激励因素，就会倾向减少冒险尝试，以减少失败的打击；另一方面是传统的教育观念使然，长者基于保护幼者的心理，小孩子一旦做出任何危险行为，马上会受到大人们的谴责，因而养成"安全至上，少错为赢"的习惯，立志当个不做错事的乖孩子。当人们的冒险精神逐渐消退之际，"逃避风险"便成为一种习惯。虽然规避风险并不是坏事，但过度的规避风险就会成为投资致富的严重阻碍。

人生感悟

一个人有着必胜的勇气，再有着充分的智慧，那么，离财富之路也就不远了。

敢拼不硬拼，斗智不斗力

成大事，需要一种敢为他人所不敢为的勇气与胆识，但有时候要懂得避开锋利的一面，不去正面冲突。只有把自己暂时的利益置于不顾，才有可能最后获得别人所无法企及的高度。有时，甚至得冒牺牲自己的短期利益的危险。但也正是因为别人都能看出这种利害而不敢冒然去做，你才能独享这一创意的果实。

　　硬拼、硬撞是一种不明智的行为，一步到位的思想不仅起不到收益的效果，还会把事情越搞越糟。塞万提斯笔下的堂·吉诃德，把郊野的风车当做巨人，竟然提着长枪、骑着飞马与之战斗，结果被风车刮倒在地。虽然他是勇敢的，但又是那么荒唐、可笑。现实中，没有人愿意学习堂·吉诃德的那种英勇无畏。

　　《史记》里记载了这么一个小故事，项羽要与刘邦独身挑战，"愿与汉王挑战决雌雄，如不需要苦天下之民父子为也"。意思是，我们两个人一决雌雄就行了，何必苦天下之人民呢？刘邦笑谢曰："吾宁斗智，不能斗力。"什么原因呢？当时，楚霸王年纪轻，力量大，身体强壮，单独比武打斗，刘邦根本不是他的对手。所以刘邦宁愿跟他斗智，也不能跟他斗力。

　　刘邦的做法是明智的。聪明人无论做什么事情，都是"宁斗智，不斗力"，他们认为靠智慧取胜方为上策。鲁迅先生作为一个文化战士，为了进行长期的战斗，经常更换笔名。据考证，鲁迅先生一生用了140多个笔名，这在世界文化史上都是罕见的。他的战斗是非常成功的，这得力于他采取了一种"斗智不斗力"的高明策略。

　　下面这则寓言故事，经常用来教育孩子遇到困难时要先动脑子，不要鲁莽拼命，草率行事。

　　一个孩子在山上种了一片稻谷。稻谷快要成熟的时候，被野猪发现了。野猪钻进地里吃了一些，糟蹋了一些。

　　孩子找野猪去讲理。野猪满不在乎地说："你的稻谷是让我给糟蹋了，你想怎么样呢？"

　　孩子说："我要你赔。"

　　野猪说："如果我要是不赔呢？"

　　孩子说："那我就叫你知道我的厉害。"

　　野猪说："你还是算了吧，我有的是力气。"

　　孩子说："我光听说野猪笨，没听说过野猪有力气。"

　　野猪发火了，指着一块大石头说："等我把这块石头扔到山下去，你就知道我的厉害了。"野猪背起了大石头，故意在草地上走了一圈儿，它顺着陡坡把石头扔下山去。石头发出隆隆的巨响。野猪得意地哼了一声。

　　孩子说："背石头不算力气大，你能拔下一棵树，我就相信你的力气大。"

　　"那你就看好了！"野猪说着，吭哧吭哧拔起树来。最后，真的把一棵松树给拔下来了。

孩子说:"你能把松树拖到前边的河里去吗?如果你能把树扔到河里,让它像船一样漂起来,我就服你了。"

野猪真的把大树拖到河里了。可是,它已经累得筋疲力尽,站进河里以后,本想爬到岸上来,却"扑通"一声落到水里去了。孩子趁机跳过去,揪住野猪的耳朵,把它的脑袋摁到湖里,灌了它一肚子水。

野猪告饶了,答应了孩子的要求,给孩子赔偿:自己要当一头牛,学会拉犁,帮那个孩子种地去。

由此看来,遇到什么事情,都要靠智慧取胜。俗话说"四两拨千斤"就是这个道理。

"大胆"不同于"鲁莽",二者是有本质的区别。如果你把一生的储蓄孤注一掷,采取一项引人注目的冒险行动,在这种冒险中你有可能失去所有的东西,这就是鲁莽轻率的举动。如果你尽管由于要踏入一个未知世界而感到恐慌,然而还是接受了一项令人兴奋的新的工作机会,这就是大胆。

人生感悟

胆略是胆量,战略是方法。胆略与战略的关系是潜能与智慧的关系,其间的微妙关系也不是纯粹一成不变的。西楚霸王自刎乌江是胆略有余,战略不当;周郎火烧赤壁是胆略宏张,战略得当。如果把胆略和战略运用得恰到好处,定能无往而不胜。

让时间发挥最大的价值

你热爱生命吗?那么别浪费时间,因为时间是组成生命的材料。如果想成功,必须重视时间的价值。盗贼利用时间,谋士创造时间。有效率的成功人士既是盗贼又是谋士,他们能从无关紧要的事或休闲活动中挤出时间,创造精彩人生。著名的教育家班杰明曾经接到一个年轻人的求救电话,并与那个向往成功、渴望指点的年轻人约好了见面的时间和地点。

待那个年轻人如约而至时,班杰明的房门大开,眼前的景象却令人颇感意外——班杰明的房间乱七八糟,狼藉一片。

没等年轻人开口，班杰明就招呼道："你看我这房间，太不整洁了，请你在外面等候一分钟，我收拾一下，你再进来吧。"一边说着，班杰明就轻轻关上了房门。

不到一分钟的时间，班杰明就打开房门，并热情地把年轻人让进客厅。这时，年轻人的眼中展现出了另一番景象——屋子里的一切井然有序，而且还有两杯刚刚倒好的红酒，在淡淡的香气里荡漾着微波。

可是，没等年轻人把满腹的有关人生和事业的疑难问题向班杰明讲出来，班杰明就非常客气地说道："干杯，你可以走了。"

年轻人手持酒杯一下子愣住了，随即尴尬又非常遗憾地说："可是，我还没有向您请教呢……"

"这些……难道还不够吗？"班杰明一边微微笑着，一边扫视着自己的房间，轻言细语地说，"你进来又有一分钟了。"

"一分钟……一分钟……"年轻人若有所思地说，"我懂了，您让我明白了一分钟的时间可以做许多事情，可以改变许多事情的深刻道理。"

班杰明舒心地笑了。年轻人把杯里的红酒一饮而尽，向班杰明连连道谢后，开心地走了。

"一寸光阴一寸金，寸金难买寸光阴。"这句俗语所蕴含的意味和深刻的哲理在这个故事中再一次得到证实和升华：时间是宝贵的，只要把握好生命的每一分钟，也就把握好了理想的人生。

上天给每个人的时间都是平等的。有的人会充分利用每一分、每一秒，因为他们懂得珍惜。有的人却从没有珍惜过，他们认为一分钟是如此的短暂和渺小，根本干不了什么事情。然而，时间不就是由分分秒秒构成的吗？有时候，正是由于他们对待时间的态度决定了他们的际遇和命运。

在县城中学的一堂公开课上，台上一名很受敬仰的老师谈吐自如，台下的学生也是应答如流，灵活的引导、点题、穿插，加上一些现代化教学手段的运用，使整个公开课进行得严谨且浑然一体，听课的老师们不由得惊叹这名老师深厚的功底。

在随意提问的时候，被点到名字的学生一个个灵秀、聪明，老师稍一点拨，理想的答案便顺口而出。当点到一个名字的时候，一个胖胖的学生站了起来，脸红红的，却不说话。教室里静极了，每个人都在盼望着，想听到学生的回答。

听课教师们感到了一丝尴尬，毕竟这样的情景谁也不愿意看到。一堂优秀的公开课也许因为这个尴尬而留下遗憾。然而，老师并没有让那个学生坐下，而结束这个尴尬的场面。时间一秒一秒地过去，足足有50多秒的时间，教室里的空气似乎都要窒息了，就在这个时候，那个学生开口了——原来，他是个结巴。

课后，那名受人敬仰的老师说："在当时的情况下这名学生一定很着急，越是着急，就越说不出来话。然而，恰恰是这样的场合对他来说却是非常的重要，如果当时我断然让他坐下，他就会失去一个在大庭广众面前说话的信心和勇气。比起一堂公开课，我觉得一个生命的成长似乎更重要。所以，我宁愿等待……"

50秒，时间虽短，却可能由此改变这名学生的一生。这50秒的价值也是无法用金钱来衡量的。

生命是短暂的。在我们如此短暂的一生中，睡眠和工作的时间已占去了人生的65%，再减去日常琐碎事务，我们仅能剩下多少时间去学习和充实自我呢？对于时间，如果你还没有认真计算过，那么请现在开始计算；如果你曾经浪费过，那么请珍惜现在拥有的；如果你没有放弃，那么请坚持下去；如果你没有恒心，那么请拿一张白纸，在上面写上醒目的"寸金难买寸光阴"，贴在你的床头。

人生感悟

从现在开始，珍惜点滴时间，使你生命中的每一天都过得充实。

让自己不可替代

大自然有着物竞天择的庄严法则，一只老虎常常因为争夺领地或是雌性而被撕咬得伤痕累累，但是作为森林之王，这种血肉的拼搏却是一种权与力的象征，一种威严耸立于自然之中的气势。相反，一只羚羊的生活看起来就要平静得多，没有过于残酷的权力相争，也少见血肉交锋的惨烈场面，但是这也注定了羚羊在自然界中的弱者的地位，在奔途中渐渐老去，抑或成为食肉动物的口中之食。羚羊的生命之旅脆弱得近乎可有可无，而一只老虎的诞生却总会为自然界带来一股威武之风。在自然界，老虎就是老虎，羚羊只能是羚羊，即便再强悍的羚羊，也无法化身老虎的角色。

但是在人类社会却不同，每一个人都有做老虎的潜质。然而面对社会"残酷"的淘汰制度，人们却总会呈现出不同的生存状态，有人一直在努力做一头老虎，希望在世界上彰显自己的生命价值，也有人甘愿做一只平庸的羚羊，习惯穿梭于世事间寻求一片宁静与安详，细水长流地体味生命。当然每一个人都有自己的生存方式，但是既然有机会做一只老虎，我们为什么不去好好享受和利用呢？

也许有人会说："现实哪有自然界那样简单？"其实每个人都有自己的人生位置和社会位置，成为一只老虎的含义并不是真正对别人称王，而是要对自己称王，正如有句话所说："即便做一株小草，也要做最高、最绿的那一株。"无论我们身处何种位置，我们都能找到强大自己的理由，无论我们做什么，我们都要尽最大努力发挥生命之光，使自己成为一个获赠上天重视的人。曾获得多项世界殊荣的残疾运动员张海东，就用自己的传奇经历书写出了自己的光辉人生。

1969年，在江苏启东一个偏僻的小山村里，一个男孩呱呱坠地，家人为他取名张海东，但是就在刚满周岁时，张海东却得了一场大病，高烧之后，他双腿瘫痪、无法直立，患上了小儿麻痹症。就这样，刚刚蹒跚学步的张海东就落下了小儿麻痹后遗症，从此成为一名终生无法站立起来的残疾人。

虽然无法站立，但是张海东并没有因此泄气，1987年，张海东为圆自己的运动梦，开始用业余时间进行体育锻炼。后来因为结识了南京市盲人学校体育教师王兴江，从此张海东与举重结下了不解之缘，开始利用业余时间练习举重。因为当时没有专用的残疾人体育场地和训练器械，张海东完全牺牲了自己的休息时间，全身心地投入到训练当中。

为了参加老师的指导训练，张海东每天都要摇着轮椅，从家到盲校的简易训练棚往返十几公里，无论寒冬酷暑还是刮风下雨，始终都没有放弃过一次训练。在天寒地冻的冬天，他有几次都因为路面打滑而连人带车摔在雪地里，但是一爬起来，他想的第一件事就是训练。在酷热难耐的炎夏，训练中的张海东常常被汗水浸透全身，手握杠铃不慎打滑，日复一日，每天的训练强度以数十吨计算。但是尽管如此，张海东却从来没有叫过累、说过苦，因为他知道自己想要走出一条自己的路，成为一个对社会有用的人，就一定要经历这场人生的艰苦跋涉。

1992年，张海东在第三届全国残运会上夺得了举重金牌，1994年，他在第六届"远南"运动会上获得了第一枚国际性的金牌。这个成长于偏僻山区的汉子，第一次在世界的舞台上证明了自己的个人价值。后来，张海东又分别在1996年亚特兰大残奥会、2000年悉尼残奥会和2004年的雅典残奥会上获得金牌，并屡次打破世界纪录，向世界宣告了一名中国残疾奥运健儿的风采。

即便如此，张海东也一天没有放下过训练，即便是胜券在握的比赛，他也要反复练习，直到上场的前一秒钟。连他的教练也称赞他："张海东是一位难得的队员，他身体状态一直都很好。由于他下肢残疾，所以在举重时双腿是完全用不上劲的，全靠两个手臂。他的成绩连正常人都比不上，简直就是天才！"

经历了训练的艰苦和严峻的比赛，张海东由一个毫无方向感的孩子成长为世界体坛上的英雄，他用一双有力的臂膀，为自己的人生之船撑开了远航的风帆，在广阔的海洋中拥有了一片属于自己的海域。

人生感悟

其实，每一个人的生命都闪耀着独一无二的色彩，只要积极发挥生命的力量，这种色彩就能为世界增添一道无可替代的美丽。在生活中不断寻求更加美好、更加强有力的自己，我们每一个人都将是世界上令人瞩目的光源。

为自己找到合适的定位

每一个人的潜力都是无限的，只要具备被发掘的条件，都有惊人的能力。这句话不无道理，人们都能经由某种方式发挥自己最闪耀的生命价值。但是，不少人都没有找到最适合自己能力发挥的方式和途径。被不正确的发掘方式所束缚，是局限人们能力发挥的主要原因。例如一个善于社交的人整天被要求在房间里写文件，又或者一个善于敏思成文却寡言的人整天去做需要随时寒暄的接待员，这对他们本身的特质来说，都是一种埋没。

有些人之所以能够在人生中获得重大突破，往往不是因为其有着超乎常人的特异之处，而是他们嗅到了或是完全认识到了自身之于社会、之于世界的独特属性，懂得在适合自己的领域发掘自己的强大潜能和价值。一个人一旦为自己找到符合自我特质的发展方式和途径，就往往能创造出惊人的成绩。

美国著名的作家马克·吐温拥有不同常人的写作才华，幽默的文字语言使他赢得了一大批忠实的读者，早年曾荣获诺贝尔文学奖的美国作家威廉·福克纳曾称马克·吐温为"第一位真正的美国作家，我们都是继承他而来"，在文学创作上成就斐然，但是就是这样一位在文学上智慧过人的作家，却也曾因一度找不到自己的定位而遭遇失败。

1880年，45岁的马克·吐温早已凭借自己的文学作品在美国拥有了一席之地，也发了点小财。一天，一个名叫佩吉的人找他来做投资，并信誓旦旦地对他说："我在从事一项打字机的研究，眼看就要成功了。研究成功、产品投放市场后，金钱就会像河水一样流来。现在我只缺最后一笔实验经费，谁敢投资，将来他得到的好处肯定难以计数。"这一番煽动性的话让对商场毫无预见性的马克·吐温一下子来了精神，他想：要想发大财，投资的确是个好办法。于是他便痛快地投资了2000美元。

很快，佩吉再次拜访马克·吐温向他要了又一笔所谓的"经费"，并表示：快成功了，只需要最后一笔钱。就这样，两年、四年……马克·吐温的投资有去无回，他虽然对这件事耿耿于怀，但是仍然觉得经商是一件很赚钱的事。

在他50岁时，文学上的成就让他蜚声中外，出版商争相出版他的书，很多出版商都因此发了大财。马克·吐温看到自己作品获得的收入自己只拿到很少一部分，而多数都流进了出版商的口袋，他想：为何不自己开个出版公司，专门出版、发行自己的作品呢？这样我就可以挣到更多的钱。于是他便开了自己的公司，一开始，因为其作品的新颖受欢迎，他真的赚到了一些钱，但是由于缺乏经商经验，甚至连最基本的财会知识都不懂，马克·吐温在后来的经商过程中屡屡碰壁，1894年，马克·吐温创立10年的公司在经济危机中彻底坍塌，最终他不仅没有赚到钱，反而为此背上了将近10万美元的债务，债权人多达96个，加之前期的打字机投资的失败，使他的19万美元也付之东流，这彻底打破了他的经商之梦。因为对投资的心灰意冷和对商业的一窍不通，马克·吐温还因此拒绝了一项仅为500美元的投资，而这项投资的结果便是现在家家都有的电话机，可以说在商场上，马克·吐温输得十分彻底。

尺有所短，寸有所长，背负债务的马克·吐温还是因为重返文学领域而重获眷顾，由于每一本书都会成为畅销书，他到底还是利用巡回演讲的方式还清了自己的债务。由此可见，找不到适合自己的定位，即便是再有价值的生命也会遭遇失败和埋没。凡事没有绝对，只有错位，如果一个人找不到属于自己的位置，一条可以发掘自我潜能的途径，那么损失的不仅仅是有形的钱财和荣耀，更多的是生命价值的损耗，如果那样，将是一种何等重大的损失。

如果说懂得找到适合自己的定位是一种人生智慧，那么敢于探寻适合自己的定位又往往需要莫大的勇气。任何路都不是一帆风顺的，即便是那条真正适合你自己的路，也常常会遇到众多的阻碍，但是只要你的方向正确，坚持信念不放弃，那么终究将赢得人生的成功。

1954年，"乡村大剧院"旗下一个年轻歌手在第一次演出之后就接到了被辞退的通知，当时的老板吉米·丹尼曾对这个年轻人说："小子，你哪儿也别去了，回家开卡车去吧。"但是谁会想到，就是这个被老板嘲讽的年轻人，就是后来影响几代人的巨星"猫王"。

无独有偶，1962年，四个初出茅庐的年轻音乐人获得了"台卡"唱片公司面试资格，并演唱了他们自己创作的歌曲，但是公司的负责人却对他们的音乐丝毫不感兴趣，并拒绝了他们发唱片的要求，甚至讽刺他们说："我们不喜欢他们的声音，吉他组合很快就会退出历史舞台。"但是事实证明这位负责人的判断错了，这四个人后来成了流行音乐历史上最伟大、最有影响力、最为成功的乐队——披头士乐队，甚至被美国称为"英国入侵"的音乐文化入侵浪潮，还彻底统治了美国唱片市场，这种势头让显赫一时的"猫王"也退居二线。

人生感悟

我们要发挥自己的价值，不仅要善于找到自己的定位，还要勇于实现这种定位，任何成功都需要我们付出努力才能抓到手里，只有智慧加勇气，我们才能在人生的道路上不断进步、不断提高。

认定目标，坚持不懈

每个人都有自己的目标，许多人为了自己的目标而进行坚持不懈地奋斗，然而也有许多人在半途中就放弃了。伟大的发明家爱迪生一生中发明了许多东西，这些成果都是他用坚持不懈的奋斗换来的。爱迪生在发明电灯的时候，曾经为找到合适的灯丝做了无数次实验，也失败了无数次，但他从来没有放弃过，一直坚持不懈地做，最后终于成功了。

意大利著名男高音歌唱家卢西亚诺·帕瓦罗蒂，回顾自己走过的成功之路时说："当我还是个孩子时，我的父亲——一个面包师，就开始教我学习唱歌。他鼓励我刻苦练习，培养发声的功底。后来，在我的家乡意大利的蒙得纳市，一位名叫阿利戈·波拉的专业歌手收我做他的学生。那时，我还在一所师范学院上学。在毕业时，我问父亲：'我应该怎么办？是当教师还是成为一个歌唱家？'我父亲这样回答我：'卢西亚诺，如果你想创造人生的辉煌，就要坚持不懈地走下去，在生活中你应该选定你的人生走向。'我选择了。我忍住失败的痛苦，经过7年的学习，终于第一次正式登台演出。此后我又用了7年的时间，才得以进入大都会歌剧院。现在我的看法是：不论是砌砖工人，还是作家，不管我们选择何种职业，都应有一种献身精神——坚持不懈是关键。"

下面是一则真人真事，不妨让我们一起来看一下他是如何实现自己的"工作目标"的。

主人公是个成长在旧金山贫民窟的小男孩，小时因为营养不良而患上了软骨病，6岁时，双腿因病变成弓字形，使小腿进一步萎缩。

小男孩从小就有一个梦想，就是将来要成为一个最伟大的美式橄榄球的全能球员，这就是他所谓的"工作目标"。他是传奇人物吉姆·布朗的球迷，每逢布朗所属的客利福布朗士队和旧金山四九人队在旧金山举行比赛时，小男孩都不介意双腿的不便，一拐一拐地走到球场去为布朗加油。可他实在太穷了，根本买不起门票，只好等到比赛快要结束时，乘工作人员推开大门之际混进去，观赏最后几分钟。

小男孩13岁时，在一次布朗士队与四九人队比赛之后，终于在一家冰淇淋店与心中偶像碰面，这是他多年的愿望。他勇敢地走到布朗面前，大声说："布朗先生，我是你忠实的球迷！"吉姆·布朗说："谢谢你！"小男孩又说："布朗先生，你想知道一件事吗？"布朗转身问："小朋友，请问何事？"

小男孩骄傲地说："我记下了你的每一项记录，每一次胜利。"吉姆·布朗快乐地微笑着说："真不错。"小男孩挺直胸膛，双眼放光，自信地说："布朗先生，终有一天我会打破你的每一项记录。"

听完此话，吉姆·布朗微笑地对他说："孩子，你叫什么名字，真的好大的口气！"小男孩十分得意地笑着说："先生，我叫澳仑索！澳仑索·辛甫生。"

后来，澳仑索·辛甫生正如他少年时所讲，他克服了种种的困难，终于打破了吉姆·布朗的一切记录，同时又创下一些新的记录。

所以，当困难绊住你成功的脚步时，当失败挫伤你进取的雄心时，当负担压得你喘不过气时，不要退缩，不要放弃，不要裹足不前，一定要坚持下去。因为，只有坚持不懈才能通向成功。

人生感悟

坚持是对极限的挑战，是对心血和汗水的慷慨挥洒，是对理想的执著，是不到长城不止步的豪迈。坚持不懈的精神一直以来都是中国人的追求。历史上许多伟人正是因为他们坚持不懈，为着目标努力奋斗，才会被天下人赞颂。